咖啡館職人解密

從沖泡方式到咖啡、茶飲變化、手作糖漿、點心烘焙，一應俱全！

申頌爾／著　樊姍姍／譯

How to make the signature menu?

近來「signature」這個詞彙相當常見，原本字面上的意義為簽章、署名、特徵等，現在則意指「值得掛名推出」，且廣泛運用在品牌、服務等領域。餐廳或咖啡店也不例外，每家店幾乎都有一至兩道代表的飲品或餐點，製作上比一般菜單更花心思，自然也有不少客人為此登門造訪。

那麼，要如何創造 signature menu 呢？首先，不管是何種飲料或餐點，都要加上有別於其他人的巧思。善用親手製作的手作糖漿，在既有的風味上加上微苦、濃郁或香甜等些微差異，就能帶出截然不同的風味。而運用嶄新的組合也能打造出獨一無二的菜單，三種以上食材混搭變化就能創造全新滋味，咖啡和水果、茶和果汁、飲料和餅乾等想像不到的組合，獨創菜單就此誕生。小時候記憶中的味道或是既有的菜單也重新登場，更加精巧、別緻，呈現復古新風貌。

你最喜歡的 signature menu 是什麼呢？尋找專屬於自己的 signature menu 這件事，也是了解自己「品味」的過程，請大家試著在本書眾多的 Café Signature Menu 當中尋找答案。書中從咖啡、茶、飲料到點心，共有 101 種 Café Signature Menu，且透過簡單的文字寫成任何人都能輕鬆跟著試做的食譜。找出屬於你自己的 signature Menu 吧！

COFFEE

014　基底：義式濃縮咖啡／冰滴咖啡／滴漏式咖啡
016　萃取法：手沖／義式濃縮咖啡／摩卡壺／法式濾壓壺／冰滴
022　變化：基底 + 牛奶

BASE ▷ 滴漏式咖啡

024　HOT & COOL　維也納咖啡
026　HOT　柳橙香草咖啡
028　COOL　鸚鵡糖冰咖啡
030　HOT & COOL　榛果咖啡
032　COOL　黑糖咖啡
034　COOL　伯爵咖啡
036　HOT & COOL　楓糖咖啡
038　HOT　防彈咖啡
040　HOT & COOL　越南咖啡
042　COOL　棉花糖咖啡

BASE ▷ 義式濃縮咖啡

044　HOT　直布羅陀咖啡
046　HOT & COOL　鮮奶油巧克力咖啡
048　COOL　柳橙義式白咖啡
050　HOT & COOL　薑黃咖啡
052　COOL　鹹拿鐵
054　HOT & COOL　香草拿鐵
056　HOT & COOL　南瓜拿鐵
058　HOT　玫瑰拿鐵
060　HOT & COOL　黑櫻桃牛奶咖啡
062　COOL　蓮花脆餅阿芙佳朵
064　COOL　甜麥仁咖啡奶昔
066　HOT & COOL　Flat white
068　COOL　藍柑橘海洋拿鐵
070　COOL　杏仁咖啡
072　COOL　紅絲絨拿鐵
074　HOT　迷你焦糖牛奶咖啡

BASE ▷ 冰滴咖啡

076　COOL　紐奧良冰咖啡
078　HOT & COOL　香草奶泡冰滴
080　HOT & COOL　太妃核果拿鐵
082　COOL　咖啡通寧
084　COOL　葡萄柚咖啡通寧
086　COOL　薄荷拿鐵
088　COOL　香蕉拿鐵
090　COOL　水蜜桃紅茶咖啡
092　COOL　枳椇子蜂蜜咖啡

TEA &
HERB–TEA

096　基底：綠茶／紅茶／花草茶
098　萃取法：原葉綠茶／抹茶／原葉紅茶／冷泡紅茶／花草茶
104　變化：基底＋牛奶

BASE ▷ 綠茶

106　**HOT & COOL** 紅豆抹茶歐蕾
108　**COOL** 漂浮抹茶
110　**HOT** 柚子福吉茶
112　**COOL** 奇異果抹茶冰沙
114　**COOL** 麝香葡萄綠茶
116　**COOL** 葡萄柚茉莉綠茶
118　**COOL** 抹茶佐餅乾冰淇淋

BASE ▷ 紅茶

120　**COOL** 義式咖啡奶茶
122　**COOL** 黑糖阿薩姆
124　**COOL** 檸檬氣泡紅茶冰飲
126　**HOT & COOL** 黑奶茶
128　**HOT** 玫瑰荔枝紅茶
130　**HOT & COOL** 茉莉玫瑰奶茶
132　**HOT** 香料奶茶

BASE ▷ 花草茶

134　**COOL** 茴香薄荷冰茶
136　**HOT** 冬季香料熱果茶
138　**COOL** 杏桃漂浮氣泡飲
140　**COOL** 極光冰飲
142　**HOT & COOL** 可可豆奶茶
144　**COOL** 洛神花蘇打

BEVERAGE

148　基底：乳製品／氣泡飲／果汁／冰品
150　製作基底：冰磚／自製優格／自製蒟蒻果凍
154　變化：基底 + 水果

BASE ▷ 乳製品

156　COOL 穀麥脆片優格
158　COOL 草莓優格
160　HOT & COOL 五穀拿鐵
162　COOL 芒果牛奶
164　HOT 地瓜切達拿鐵
166　COOL 焦糖爆米花奶昔
168　COOL 馬鈴薯牛奶奶昔
170　COOL 草莓奶油乳酪奶昔

BASE ▷ 果汁

186　COOL 柑橘繁花
188　COOL 電解質檸檬飲
190　COOL 翡翠蘋果飲
192　HOT & COOL 香料葡萄飲
194　HOT & COOL 伯爵松林
196　COOL 百香椰果汁
198　COOL 綜合莓果汁

BASE ▷ 氣泡飲

172　COOL 梅子氣泡飲
174　COOL 沙灘氣泡飲
176　COOL 櫻桃可樂
178　COOL 哈密瓜蘇打
180　COOL 薑汁汽水
182　COOL 果凍蘇打
184　COOL 桑格莉亞氣泡飲

BASE ▷ 冰品

200　櫻桃煉乳牛奶刨冰
202　紅寶石葡萄柚刨冰
204　花生牛奶焦糖刨冰
206　薄荷芒果刨冰
208　抹茶刨冰
210　番茄優格牛奶刨冰
212　盆栽刨冰
214　檸檬草莓刨冰

DESSERT

238　10 款祕密手作糖漿
250　手作糖漬水果／蔬果糊／果泥

BASE ▷ 三明治

218　小黃瓜奶油乳酪三明治
220　火腿起司煉乳三明治
222　煙燻鮭魚三明治／酪梨鮮蝦三明治／雞肉蔓越莓三明治

BASE ▷ 司康

226　伯爵茶司康／抹茶巧克力脆片司康
228　原味司康／葡萄乾司康
230　紅豆奶油司康

BASE ▷ 抹醬＆果醬

232　綠茶抹醬
234　玫瑰草莓果醬／伯爵茶果醬／巧克力香蕉果醬

○書中所有分量以 1 杯為基準。

FLAVOR

在美式咖啡中增添香氣的飲品相當流行，
有別於過往以苦味、酸味等味道進行分類，
最近則喜以可可香、堅果香、柑橘香、莓果香等香氣來區別咖啡。

COLOR

在原味拿鐵加入色彩的飲品越來越多。
色彩的變化相當多元，連平常不易在飲食中看到的紫色也都運用上。
想要做出風格獨特的飲料，最好專注於明度而非彩度。

TASTE

加入口感獨特的輔佐食材是最近的流行趨勢。
飲品口味偏好酸味或苦味勝過甜味，喜愛強烈濃郁的味道更勝於柔和的味道，
輕柔流淌的鮮奶油也是人氣元素之一。

COFFEE

在 Café Signature Menu 中，列居首位的當然是咖啡。
每日飲用的美式咖啡以香氣和色彩賦予鋒芒，
也會配搭別出心裁的輔佐食材。另外，強調不同產地咖啡豆的特徵，
忠於原味，專注於咖啡自然風味的精品咖啡也越來越多，
容量則是漸漸變小，追求小奢華。

SIGNATURE COFFEE
=BASE+∂

調製咖啡飲料時，使用的基底有義式
濃縮咖啡、冰滴咖啡、滴漏式咖啡。
即使咖啡豆的品種和烘焙方式相同，
隨著萃取方式不同，咖啡的濃度甚至
風味和香氣也會產生微妙變化。Café
signature menu 的核心，就在於表現
依照不同方式萃取的義式濃縮咖啡、
冰滴咖啡、滴漏式咖啡的固有性質。
濃郁的義式濃縮咖啡混合牛奶，不受
溫度影響的冰滴咖啡調合氣泡飲料最
好，散發隱約香氣的滴漏式咖啡則適
合用於加水的飲料。

BASE

義式濃縮咖啡（Espresso）

以運用高壓蒸氣的義大利式咖啡萃取法製作而成的高濃度咖啡。相較於其他萃取法，使用等量咖啡豆萃取出的義式濃縮咖啡液體量明顯較少，風味強烈，適合調製加入許多牛奶的飲品或是混合數種食材變化出各種飲品。想要帶出義式濃縮咖啡的濃郁風味，就要增加咖啡豆的用量。萃取義式濃縮咖啡時，任意增加萃取液體量則會破壞飲料的平衡。使用義式濃縮咖啡機、摩卡壺、膠囊咖啡機皆可萃取義式濃縮咖啡。

➕ 牛奶

為突破牛奶的味道和質地，展現咖啡自然的味道和香氣，咖啡的味道和香氣必須要濃郁又強烈。調合豆奶或杏仁奶的咖啡混合飲料也適合使用義式濃縮咖啡。

冰滴咖啡（Dutch coffee）

不使用熱水，而是用冰水長時間萃取的咖啡。日本稱為冰滴咖啡，美國則稱為冷萃咖啡，特徵是風味溫潤柔和，苦味少。屬於長時間萃取的濃郁咖啡，適合調製成加水或是混合牛奶的飲品。若以低溫保存，冰滴咖啡經過熟成更能發揮風味。作為基底咖啡時，務必使用冷藏保存的冰滴咖啡。因不受溫度影響，是調製冷飲的最佳選擇。

➕ 氣泡飲

冷藏保存的冰滴咖啡，調合冰涼的氣泡飲料相當合適，能夠創造出醇厚溫和清涼感兼具的獨特咖啡飲料。

滴漏式咖啡（Drip coffee）

研磨咖啡粉放在滴漏裝置中，將水倒入沖泡而成的咖啡，稱為滴漏式咖啡或滴濾式咖啡。可以自由調整水量、水溫、咖啡豆研磨粗細等條件，適合個性鮮明強烈的咖啡豆。其濃度類似使用法式濾壓壺萃取的咖啡，常用於調製維也納咖啡。作為基底咖啡時，要特別留心咖啡豆研磨的顆粒粗細，研磨得太細可能會使飲品產生澀味。

➕ 水

滴漏式咖啡只會萃取出咖啡中的水溶性成分，因此適合用於感受完整的咖啡風味與香氣。建議嘗試使用非洲系列帶有酸味的咖啡豆調製冰涼的咖啡飲料。

SIGNATURE COFFEE = BASE
萃取

萃取咖啡除了眾所皆知的手法之外,還有許
多方式。一般主要按照義大利的方式萃取咖
啡,但隨著常用的方式不同,萃取的方法也
不盡相同。例如作為基底咖啡的義式濃縮咖
啡,可以透過義式濃縮咖啡機、摩卡壺、膠
囊咖啡機等不同方式萃取。讓我們來一一熟
悉這些方法吧!

BASE萃取：
手沖

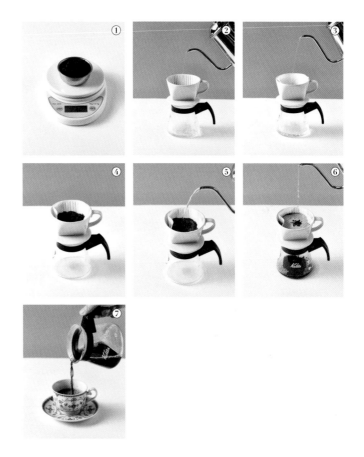

能夠感受咖啡最天然風味的萃取法，研磨顆粒比用於義式濃縮咖啡的咖啡粉粗。若研磨得太細會產生細粉不易萃取，而且完成的飲品也可能會變澀。萃取前，將熱水倒入咖啡壺與濾杯預熱，濾紙也先以熱水澆淋一圈潤溼。萃取時，使用軟水較硬水佳，水溫則是煮沸後稍微冷卻的溫度，大約85°C。能夠突顯酸味的咖啡豆格外適合手沖。

1　準備 15g 咖啡豆研磨成較粗的粉狀。

2　將濾杯放置於咖啡壺上，澆淋熱水預熱。

3　濾紙摺好放入濾杯中，再次澆淋熱水。

4　研磨完成的咖啡粉放入③中鋪平。

5　將 85°C 的熱水裝入手沖壺中，注水至咖啡粉溼潤為止。

6　等到咖啡粉表面膨脹、中間產生裂縫時，從中心以螺旋狀倒入熱水，重複 3～4 次。

7　倒入準備好的咖啡杯中即可享用。

BASE萃取：
義式濃縮咖啡

萃取使用於飲料中的義式濃縮咖啡時，最重要的就是咖啡豆用量。飲料中的咖啡味道不會因為放入大量義式濃縮咖啡而變得濃郁，義式濃縮咖啡的味道深度取決於濃度而非用量，絕對不可以任意增加義式濃縮咖啡的萃取量。一般來說，7～10g 的咖啡豆可以萃取 1 盎司濃縮咖啡，14～20g 的咖啡豆可以萃取 2 盎司濃縮咖啡。選用最細的刻度來研磨咖啡豆。

1 準備 14g 咖啡豆研磨成細粉。

2 研磨完成的咖啡粉放入過濾杯把手中。

3 將咖啡粉捶搗至水平。

4 用力填壓咖啡粉，使其均勻平整。

5 將過濾杯把手裝上咖啡機。

6 義式濃縮咖啡杯放好後，按下按鈕萃取咖啡。

7 從咖啡機上取下過濾杯把手即完成。

BASE 萃取：
摩卡壺

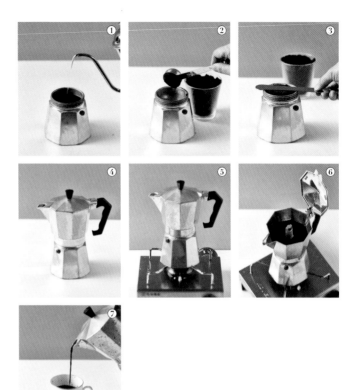

利用水蒸氣的壓力萃取咖啡的方法。在家中也能夠輕鬆萃取義式濃縮咖啡，味道比手沖咖啡更濃郁。以摩卡壺萃取的咖啡適合當作美式咖啡或拿鐵的基底，咖啡豆研磨的顆粒細緻度和義式濃縮咖啡一樣。直接放在爐上加熱的摩卡壺壺身會保有許多殘留溫度，因此開始萃取時要將火關小或是關閉。摩卡壺使用後要馬上洗滌乾淨，下次烹煮時才能享受咖啡的純淨風味。

1　將水倒入下壺，水位勿超過洩壓閥（安全閥）。

2　將咖啡粉放入中間的粉槽。

3　咖啡粉不需要壓緊，輕輕刮平整即可。

4　旋緊上下壺，注意中間不要留有縫隙。

5　開火加熱至聽到摩卡壺發出聲音。

6　開始萃取咖啡到一半時關火。

7　待咖啡萃取結束後，將咖啡倒入杯中，再將上下壺旋開洗滌。

BASE萃取：
法式濾壓壺

只要有咖啡粉和器具，無論身在何處都可以輕鬆操作的萃取法。未經濾紙過濾，味道可能會有點澀，不過口感很醇厚，適合喜歡飲用濃郁咖啡者。法式濾壓壺的濾網無法過濾咖啡粉的細微粉末，因此要像手沖咖啡一樣，使用研磨較粗的咖啡粉。萃取後倒出咖啡的過程中，最後會留下少許咖啡，因其含有咖啡細粉，建議捨棄。

1　準備 15g 咖啡豆，研磨成較粗的粉狀。

2　研磨完成的咖啡粉放入壺中。

3　將 200ml 的熱水（85～90℃）分兩次倒入。

4　第一次注水後，等待 30 秒，再進行第二次注水。

5　第二次注水後，充分攪拌咖啡粉使其混合均勻。

6　等待 2 分 30 秒～3 分鐘後，慢慢壓下濾網。

7　將咖啡倒入預先準備好的杯中。

BASE萃取：
冰滴

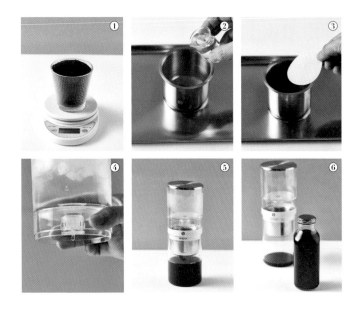

根據不同的萃取方式，可分為冰滴咖啡和冷萃咖啡。冰滴咖啡是透過一次只滴下 1 滴水的方式，一點一滴萃取咖啡，而冷萃咖啡則是將冰水和咖啡粉混合後，以浸泡的方式萃取咖啡，兩者的味道幾乎沒有差異，建議咖啡豆的研磨顆粒比用於義式濃縮咖啡的咖啡粉略粗一些。萃取完成的咖啡裝入瓶中冷藏保存，咖啡熟成後，風味會變得更加濃厚、香醇。適度稀釋的冰滴咖啡喝起來就像是柔和的手沖咖啡。

1　準備 70g 咖啡豆研磨成粉。

2　將濾紙放在粉槽底部後以水潤溼。

3　研磨完成的咖啡粉放入粉槽中刮平整，再取另一張濾紙放在咖啡粉上方。

4　將 350ml 的冰水裝入上壺後蓋上蓋子，以逆時針方向旋轉閥門。

5　將水滴速度調整至 1 秒滴落 1 滴後，架在下壺上方。

6　咖啡萃取完成後，放入可以密封的玻璃瓶中冷藏保存。

SIGNATURE COFFEE = BASE + MILK

以咖啡為基底調製飲料時，最先浮現在腦海中的食材就是牛奶。煮得濃濃的黑色咖啡和奶油色牛奶的組合是不變的經典搭配，添加在咖啡中的牛奶用量不同，味道和特徵也會隨之改變。每年都有全新比例的 signature menu 登場。

○ **義式濃縮咖啡**（咖啡：牛奶 = 1：0）
將咖啡的水溶性和脂溶性成分都萃取出來的義式濃縮咖啡，表層會含有褐色或黃土色的濃密咖啡脂（crema）。將14g 的咖啡豆研磨成細粉，以熱水經過 25 秒九大氣壓的壓力，萃取出的 2 盎司咖啡稱為義式濃縮咖啡。味道濃郁，愛好者眾，也是調製大多數咖啡飲料的基底。

○ **直布羅陀咖啡**（咖啡：牛奶 = 1：1）
是由雙份義式濃縮咖啡加入等量蒸氣牛奶調製而成的咖啡，同時也是咖啡師們在開店前可以快速調製飲用，並作為評估當天咖啡風味的飲品，因此廣為人所知，是喜歡濃郁拿鐵的人不可錯過的飲品。可以嘗試使用綜合咖啡豆或是單品咖啡豆調製。

○ **Flat white**（咖啡：牛奶 = 1：3）

義式濃縮咖啡加入打出細密奶泡的蒸氣牛奶調製而成的飲品，特徵是牛奶溫度不會太燙，奶泡平坦無波，因此稱為 Flat white。飲料上方的奶泡層在1cm 以下時風味最佳，調製後要快速飲用。

○ **卡布奇諾**（咖啡：牛奶：奶泡 = 1：2：3）

義式濃縮咖啡疊上豐厚奶泡的飲品，咖啡、牛奶和奶泡的比例相當重要，1：1：1 或是 1：2：3 兩種說法都正確。一般卡布奇諾杯是下方狹窄，越往上越寬，咖啡和牛奶的比例隨著觀點不同而有兩種說法，從高度來看是 1：1：1，從量來看就是 1：2：3。

○ **拿鐵咖啡**（咖啡：牛奶 = 1：5）

是添加牛奶的咖啡飲料中最大眾化的飲品，以濃郁的義式濃縮咖啡大手筆加入熱騰騰的蒸氣牛奶調製而成。拿鐵咖啡的咖啡與牛奶的比例為 1：5，同時也是花式牛奶咖啡的基本基底公式。加入 1 份義式濃縮咖啡時風味溫和，2 份義式濃縮咖啡是拿鐵的基本風味，3 份義式濃縮咖啡則創造濃郁風味。喝得到香醇甜美的味道，才是好喝的拿鐵咖啡。

BASE 滴漏式咖啡

HOT & COOL

維也納咖啡

奧地利維也納的馬車夫一手駕馭馬車,一手拿著飲用的咖啡飲品,因此被稱為「維也納咖啡」。將鮮奶油放在咖啡上方的飲品,受眾人喜愛數年之久。不使用大杯子,而是以小杯子喝下濃濃的咖啡才是重點。

ASSEMBLE

Coffee Base
手沖咖啡 150ml

Liquid
COOL 冰塊 1/2 杯

Syrup
砂糖 10～15g,發泡鮮奶油 1 勺 （見 P25）

Garnish
HOT 可可豆碎 1 小匙
COOL 可可粉少許,香草植物 1 枝

RECIPE

1 倒入 200ml 的熱水（90℃）至滴漏式咖啡用的咖啡粉（15g）中,萃取 150ml 的手沖咖啡。

2 溫杯。預先準備咖啡杯裝入熱水再倒出,或是使用微波爐加熱 30 秒。

3 預熱的咖啡杯中放入 10g 砂糖,倒入萃取的咖啡使其溶化。

4 放上發泡鮮奶油後撒上可可豆碎。

1 倒入 200ml 的熱水（90℃）至滴漏式咖啡用的咖啡粉（20g）中,萃取 150ml 的手沖咖啡。

2 將 15g 砂糖放入萃取咖啡的壺中,使其溶化。

3 以冰塊填滿準備好的杯子,倒入②使其冷卻。

4 放上發泡鮮奶油後撒上可可粉,並以香草植物點綴。

─────────────────── **TIP**

製作發泡鮮奶油
在 100ml 冰涼鮮奶油中放入 10g 砂糖混合均勻,攪打至打蛋器倒過來時,奶油的彎曲弧度像鷹爪即完成。放在冰箱一天後再使用。

BASE 滴漏式咖啡

HOT

柳橙香草咖啡

將柳橙果乾浸泡在咖啡中，突顯出水果香氣的咖啡。添加香草
糖漿，在咖啡和柳橙之間取得風味上的平衡。沒有柳橙，也可
將柑橘類水果風乾後使用，如葡萄柚、蜜柑、萊姆都很適合。

ASSEMBLE

Coffee Base
手沖咖啡 180ml

Syrup
香草糖漿 10ml （見 P245）

Garnish
柳橙果乾 2 片，香草植物少許

RECIPE

1　將 1 片柳橙果乾放入手沖咖啡下壺中。

2　倒入 200ml 的熱水（90℃）至滴漏式咖啡用的咖啡粉（15g）
　　中，萃取 180ml 的柳橙手沖咖啡。

3　溫杯。預先準備咖啡杯裝入熱水再倒出，或是使用微波爐加
　　熱 30 秒。

4　將香草糖漿倒入預熱的咖啡杯中。

5　倒入柳橙手沖咖啡後，將 1 片柳橙果乾和香草植物放在咖啡
　　上漂浮。

TIP

水果乾燥機的溫度以 40～50℃ 最恰當
製作果乾時，將水果切成 2～3mm 的薄片
後自然乾燥，或是放在水果乾燥機中，溫
度設定為 40～50℃，乾燥 6～8 小時。使用
機器乾燥時，溫度若設定太高，水果會褐
變，影響視覺效果。

BASE 滴漏式咖啡

COOL

鸚鵡糖冰咖啡

粗製蔗糖能將咖啡自然的滋味往上提升一層，就算不是使用 La Perruche 鸚鵡糖也沒關係。先將牛奶倒入杯中，再讓咖啡經過湯匙一點一點慢慢流入，製作出鮮明的分層咖啡。

ASSEMBLE

Coffee Base
手沖咖啡 80ml

Liquid
牛奶 180ml，冰塊 1/2 杯

Syrup
粗製蔗糖 13g

RECIPE

1 倒入 100ml 的熱水（90℃）至滴漏式咖啡用的咖啡粉（15g）中，萃取 80ml 的手沖咖啡。

2 在預先準備的杯中倒入牛奶，放入粗製蔗糖，使其完全溶化。

3 在②中放入冰塊，並利用湯匙將咖啡慢慢倒入杯中。

───────── TIP

溶化蔗糖的順序很重要
牛奶和咖啡之間層次分明的祕密在於比重差異。蔗糖在牛奶中溶化後會提高濃度，因此牛奶會沉甸甸的落在杯底，但如果蔗糖溶化在咖啡中，就會無法按照期望製作出層次，因此需留意溶化蔗糖的順序。

榛果咖啡

濃郁咖啡以榛果糖漿調味更加香醇。熱飲時,榛果香氣會變得
更強烈,因此要酌量減少糖漿用量。冷飲時,充分放入糖漿,
享受香甜氣息。

ASSEMBLE

Coffee Base
手沖咖啡 150～180ml

Liquid
COOL 碎冰 1 杯

Syrup
榛果糖漿 15～20ml

RECIPE

1　倒入 200ml 的熱水(90℃)至滴漏式咖啡用的咖啡粉(15g)中,萃取 180ml 的手沖咖啡。

2　溫杯。預先準備咖啡杯裝入熱水再倒出,或是使用微波爐加熱 30 秒。

3　將萃取的咖啡倒入預熱的咖啡杯中。

4　放入 15ml 榛果糖漿即完成。

1　倒入 200ml 的熱水(90℃)至滴漏式咖啡用的咖啡粉(20g)中,萃取 150ml 的手沖咖啡。

2　預先準備的杯中放入約 4/5 分量的碎冰。

3　將萃取的咖啡倒入②中冷卻。

4　放入 20ml 榛果糖漿,並將剩下的碎冰放在上方。

BASE 滴漏式咖啡

COOL

黑糖咖啡

使用沖繩黑糖調製的咖啡，滋味甜美、層次豐富，風味一絕。
沖繩黑糖屬於天然糖，其中的礦物質成分為疲勞的日常生活補
充能量。加入牛奶調製成拿鐵也很棒！

ASSEMBLE

Coffee Base
手沖咖啡 150ml

Liquid
冰塊 1 杯

Syrup
黑糖 15g

Garnish
黑糖少許

RECIPE

1　倒入 200ml 的熱水（90℃）至滴漏式咖啡用的咖啡粉（15g）
　　中，萃取 150ml 的手沖咖啡。

2　在萃取的咖啡中放入黑糖，攪拌均勻使其溶化。

3　以冰塊填滿預先準備好的杯子。

4　倒入黑糖溶化的咖啡，冷卻後，放上裝飾用的黑糖。

══════════════════ TIP ══════

避免使用再製黑糖
不推薦使用添加人工焦糖色素的再製黑糖
調製飲料。如果沒有黑糖，可以使用粗製
紅糖。

伯爵咖啡

喜歡伯爵茶香氣,卻也想要享受咖啡的人們所尋覓的飲品。伯爵茶特有的佛手柑香氣十分柔和,一般沖泡茶包大約浸泡 3 分鐘,但是用於調製咖啡時,浸泡 1 分 30 秒較適宜,如此一來咖啡的存在感才不會消失無蹤。

ASSEMBLE

Coffee Base
手沖咖啡 180ml

Sub Base
伯爵紅茶包 1 包

Liquid
冰塊 1 杯

Garnish
香草植物少許

RECIPE

1 倒入 200ml 的熱水(90°C)至滴漏式咖啡用的咖啡粉(15g)中,萃取 180ml 的手沖咖啡。

2 在萃取的咖啡中放入伯爵紅茶包,浸泡 1 分 30 秒。

3 以冰塊填滿預先準備好的杯子,放入②浸泡後的茶包。

4 將浸泡伯爵紅茶包的咖啡倒入冷卻。

5 再添加一些冰塊後,放上香草植物。

TIP

選擇基本款伯爵紅茶包
要放入咖啡浸泡的伯爵紅茶包,建議選擇基本款。添加奶油香、焦糖香等香味的調味茶款,可能會不小心破壞咖啡特有的香氣。茶葉的適當用量約為 1.5〜2g。

BASE 滴漏式咖啡

HOT & COOL

楓糖咖啡

添加使用楓糖漿製成的砂糖,讓咖啡變得柔和又富有層次,楓糖特有的隱約香氣提升了咖啡的風味。可以使用楓糖漿取代楓糖砂糖。夏秋之際享受冰飲,冬春之際享受熱飲。

ASSEMBLE

Coffee Base
手沖咖啡 150～180ml

Liquid
COOL 冰塊 1 杯

Syrup
楓糖砂糖 8～13g

RECIPE

1   倒入 200ml 的熱水(90℃)至滴漏式咖啡用的咖啡粉(15g)中,萃取 180ml 的手沖咖啡。

2   溫杯。預先準備咖啡杯裝入熱水再倒出,或是使用微波爐加熱 30 秒。

3   將 8g 楓糖砂糖放入預熱的咖啡杯中。

4   倒入萃取的咖啡即完成。

1   倒入 200ml 的熱水(90℃)至滴漏式咖啡用的咖啡粉(15g)中,萃取 150ml 的手沖咖啡。

2   將 13g 楓糖砂糖放入萃取的咖啡中,攪拌均勻使其溶化。

3   以冰塊填滿預先準備好的杯子。

4   倒入②冷卻即完成。

防彈咖啡

經常出現在低碳高脂飲食中的咖啡，源自於遊牧民族將山羊奶
的奶油和油脂放入咖啡中飲用的文化。將奶油和 MCT 油（中
鏈脂肪酸油）加入濃郁咖啡中調製而成，經由調整熔點，重新
排列脂肪酸的 MCT 油，去除了油脂特有的味道和顏色，適合
活用在飲料中。

ASSEMBLE

Coffee Base
手沖咖啡 200ml

Liquid
MCT 油 15g

Syrup
無鹽奶油 20g

RECIPE

1　倒入 250ml 的熱水（90℃）至滴漏式咖啡用的咖啡粉（15g）
中，萃取 200ml 的手沖咖啡。

2　溫杯。預先準備咖啡杯裝入熱水再倒出，或是使用微波爐加
熱 30 秒。

3　在預熱的咖啡杯中倒入 MCT 油和 1/2 萃取的咖啡，快速攪
拌。

4　放入奶油後快速攪拌 20 秒。

5　倒入剩餘的咖啡，混合均勻即完成。

―――――――――――― TIP
一定要使用無鹽奶油
奶油一定要使用無鹽奶油，才不會有鹹味
混入咖啡中。使用迷你電動起泡器攪拌更
好，若採取手動攪拌，則需要快速攪拌。

BASE 滴漏式咖啡

HOT & COOL

越南咖啡

越南語稱為 Ca Phe Sua Da，意思是冰牛奶咖啡。甜蜜煉乳和濃郁咖啡相遇產生的越南咖啡，只要喝過一次就忘不了。阿拉比卡咖啡豆雖好，但使用苦味重的羅布斯塔咖啡豆調製，其風味更加濃烈。若已厭倦一般拿鐵，務必要嘗試一次。

ASSEMBLE

Coffee Base
手沖咖啡 150～180ml

Liquid
COOL 冰塊 1 杯

Syrup
煉乳 20～30ml

RECIPE

1　倒入 200ml 的熱水（90℃）至滴漏式咖啡用的咖啡粉（20g）中，萃取 180ml 的手沖咖啡。

2　溫杯。預先準備咖啡杯裝入熱水再倒出，或是使用微波爐加熱 30 秒。

3　將 20ml 煉乳放入預熱的咖啡杯中。

4　倒入萃取的咖啡充分攪拌。

1　倒入 200ml 的熱水（90℃）至滴漏式咖啡用的咖啡粉（20g）中，萃取 150ml 的手沖咖啡。

2　將 30ml 的煉乳放入萃取的咖啡中充分攪拌。

3　以冰塊填滿預先準備好的杯子。

4　倒入②冷卻即完成。

棉花糖咖啡

在香氣四溢的滴漏式咖啡上，放滿讓人聯想到雲朵的棉花糖
的特別咖啡。棉花糖咖啡味道香甜迷人，活用市面販售的杯
裝棉花糖即可輕鬆製作，趁棉花糖在咖啡中尚未完全溶化之
前享用吧！

ASSEMBLE

Coffee Base
手沖咖啡 150ml

Liquid
冰塊 1 杯

Syrup
杯裝棉花糖 1 份

Garnish
食用花少許

RECIPE

1　倒入 200ml 的熱水（90℃）至滴漏式咖啡用的咖啡粉（15g）中，萃取 150ml 的手沖咖啡。

2　以冰塊填滿預先準備好的杯子。

3　在②中倒入萃取的咖啡至九分滿後冷卻。

4　將棉花糖整理成圓形，放在③上方之後，以吸管固定。

5　在棉花糖的空隙之間放上食用花裝飾。

TIP

使用杯裝棉花糖相當便利
大量購買的棉花糖會糾結在一起，不方便
放在杯子上，視覺上也不好看，建議使用
單杯包裝的市售杯裝棉花糖。

BASE 義式濃縮咖啡

HOT

直布羅陀咖啡

由咖啡師在萃取義式濃縮咖啡的 shot 杯裡，直接倒入熱牛奶飲用而聞名的咖啡。使用分量接近的咖啡和牛奶調製而成，可以享受到滑順的牛奶和豐富的咖啡風味。特別推薦給非常渴望喝到濃郁拿鐵的人飲用。

ASSEMBLE

Coffee Base
義式濃縮咖啡 40ml

Liquid
牛奶 50ml

RECIPE

1　溫杯。義式濃縮咖啡杯裝入熱水再倒出，或是使用微波爐加熱 30 秒。

2　萃取 40ml 義式濃縮咖啡（直接萃取入義式濃縮咖啡杯中）。

3　牛奶加熱備用（鍋煮或是使用微波爐加熱皆可）。

4　將熱牛奶倒滿②中即可。

=== TIP ===

杏仁奶或豆奶也很搭
如果覺得飲用牛奶有負擔，建議改用杏仁奶或豆奶。堅果類醇厚的香味和義式濃縮咖啡很契合，會帶出令人感到意外的魅力滋味。

鮮奶油巧克力咖啡

義式濃縮咖啡加上巧克力糖漿，倒入適量牛奶後，以鮮奶油作
為結尾的飲品。鮮奶油攪打得具有分量感卻不會太堅挺，是飲
品製作的重點。飲用時不將咖啡、牛奶和鮮奶油混合在一起，
而是傾斜咖啡杯依序飲用，才是享用這道飲品的美味祕訣。

ASSEMBLE

Coffee Base
義式濃縮咖啡 30～40ml

Liquid
牛奶 130ml COOL 冰塊 1/2 杯

Syrup
巧克力糖漿 20～30ml（見 P247）
發泡鮮奶油 1 勺（見 P25）

Garnish
HOT 巧克力塊適量
COOL 可可粉少許

RECIPE

1　萃取 30ml 義式濃縮咖啡。

2　在義式濃縮咖啡中放入 20ml 巧克力糖漿，混合均勻。

3　溫杯。預先準備咖啡杯裝入熱水再倒出，或是使用微波爐加
熱 30 秒。

4　將②倒入預熱的咖啡杯中。

5　將130ml 牛奶加熱後倒入④中，注意不要產生氣泡，再放上
發泡鮮奶油。

6　巧克力塊研磨成巧克力屑，撒在發泡鮮奶油上（使用食物磨
泥器研磨巧克力塊也可以）。

1　萃取 40ml 義式濃縮咖啡。

2　在義式濃縮咖啡中放入 30ml 巧克力糖漿，混合均勻。

3　在預先準備好的杯子中放入冰塊後，倒入②。

4　再倒入 130ml 冰牛奶，放上發泡鮮奶油。

5　將可可粉撒在發泡鮮奶油上即完成。

BASE 義式濃縮咖啡

COOL

柳橙義式白咖啡

韓國人氣飲品，愛好者甚至為其取了「OB」這個簡稱，足見其人氣。猶如在品嘗柳橙巧克力般的咖啡，將糖漬柳橙和咖啡一起飲用才是最美味的。飲用時，使用稍粗的吸管才能同時喝到糖漬柳橙和飲料。

ASSEMBLE

Coffee Base
義式濃縮咖啡 50ml

Liquid
牛奶 180ml，冰塊 1/2 杯

Syrup
糖漬柳橙 50g

Garnish
柳橙片 1 片，香草植物少許

RECIPE

1 萃取 50ml 義式濃縮咖啡。

2 在準備好的玻璃杯中放入糖漬柳橙，並放入冰塊。

3 依序倒入牛奶和義式濃縮咖啡。

4 放上點綴用的柳橙片，按照個人喜好添加香草植物。

5 飲用前充分攪拌整杯飲料，連同糖漬柳橙一起喝下。

―――――――――――――――― **TIP**

葡萄柚義式白咖啡、蜜柑義式白咖啡也 OK
也可嘗試使用葡萄柚或是蜜柑調製義式白咖啡。「Bianco」是義大利語中「白色」的意思，用於咖啡中，則是指拿鐵加上水果的酸甜飲料。

薑黃咖啡

薑黃的萃取物薑黃素（curcumin）正受到全世界矚目。散發淡黃色的薑黃鮮奶油放在咖啡上方，就成了適合溫暖春日的飲料。以食用花或糖珠創造視覺焦點。

ASSEMBLE

Coffee Base
義式濃縮咖啡 30～40ml

Liquid
牛奶 160～180ml COOL 冰塊 1/2 杯

Syrup
砂糖 13～15g
薑黃鮮奶油 1 勺（薑黃素 1 滴 + 發泡鮮奶油 1 勺）

Garnish
食用花少許

RECIPE

1 萃取 30ml 義式濃縮咖啡。

2 溫杯。預先準備咖啡杯裝入熱水再倒出，或是使用微波爐加熱 30 秒。

3 在預熱的咖啡杯中倒入義式濃縮咖啡和 13g 砂糖，攪拌均勻。

4 將 160ml 的牛奶加熱後倒入③中，注意不要產生氣泡。

5 發泡鮮奶油加入 1 滴薑黃素，混合成薑黃鮮奶油。

6 在④咖啡上放上薑黃鮮奶油，並以食用花裝飾。

1 萃取 40ml 義式濃縮咖啡。

2 在萃取的義式濃縮咖啡中放入 15g 砂糖，攪拌至完全溶化。

3 將②的咖啡倒入準備好的杯子中。

4 倒入 180ml 牛奶混合後，放入冰塊冷卻。

5 發泡鮮奶油加入 1 滴薑黃素，混合成薑黃鮮奶油。

6 在④上面放上薑黃鮮奶油，並以食用花裝飾。

BASE 義式濃縮咖啡

COOL

鹹拿鐵

最近人氣上升的飲品。有別於牛奶和咖啡分層的一般拿鐵,分為鹽水、咖啡、鮮奶油三層,略稀的鮮奶油比硬挺的發泡鮮奶油更適合這道飲品。飲用時充分攪拌至呈現拿鐵色,才能品嘗到「甜鹹滋味」的魅力。

ASSEMBLE

Coffee Base
義式濃縮咖啡 40ml

Liquid
飲用水 100ml,冰塊 1/2 杯

Syrup
鹽 2g,砂糖 15g

Garnish
發泡鮮奶油 1 勺 (見 P25)

RECIPE

1 萃取 40ml 義式濃縮咖啡。

2 在飲用水中放入鹽和砂糖,使其充分溶解。

3 將冰塊放入準備好的玻璃杯中,再放入②。

4 慢慢倒入義式濃縮咖啡。

5 將發泡鮮奶油放在咖啡上。

──────────── TIP

使用營養豐富的天然海鹽
這是一款在咖啡中放入鹽,直接感受鹹味的飲品。與其使用一般食鹽,更建議使用營養和味道皆豐富的天然海鹽。

香草拿鐵

使用手作香草糖漿調製的香草拿鐵，是具有代表性的 signature menu，也是喜愛香甜咖啡者樂於點選的飲品。用於飲料中的香草莢，推薦選擇馬達加斯加產的香草莢，大溪地產的香草莢花香濃郁，可能會破壞咖啡既有的香氣。

ASSEMBLE

Coffee Base
義式濃縮咖啡 30～40ml

Liquid
牛奶 180～200ml COOL 冰塊 1 杯

Syrup
香草糖漿 30～40ml （見 P245）

Garnish
HOT 香草莢 1 根
HOT 發泡鮮奶油 1 勺 （見 P25）

RECIPE

1　萃取 30ml 義式濃縮咖啡。

2　溫杯。預先準備咖啡杯裝入熱水再倒出，或是使用微波爐加熱30秒。

3　將義式濃縮咖啡倒入預熱的咖啡杯中。

4　在 200ml 的牛奶中加入 30ml 香草糖漿，充分加熱。

5　將加熱後的④倒入③中，拌勻。

6　在咖啡上放上發泡鮮奶油，插入香草莢。

1　萃取 40ml 義式濃縮咖啡。

2　在義式濃縮咖啡中放入 40ml 香草糖漿，攪拌均勻。

3　以冰塊填滿準備好的杯子。

4　將 180ml 的冰牛奶倒入③中。

5　將②混合香草糖漿的咖啡倒入④中。

BASE 義式濃縮咖啡

HOT & COOL

南瓜拿鐵

每當萬聖節所在的秋季接近時，就會讓人想起利用南瓜調製的
南瓜拿鐵。在咖啡飲品中放入以栗子南瓜蒸熟製作的栗子南瓜
糊，不僅風味佳也方便飲用。亦可使用料理用的一般南瓜或將
栗子打成泥狀取代栗子南瓜，也同樣好喝。

ASSEMBLE

Coffee Base
義式濃縮咖啡 25～40ml

Liquid
牛奶 160～180ml COOL 冰塊 1 杯

Syrup
栗子南瓜糊 30～40g （見 P252）

Garnish
HOT 肉桂粉少許

RECIPE

1　萃取 25ml 義式濃縮咖啡。

2　溫杯。預先準備咖啡杯裝入熱水再倒出，或是使用微波爐加
　　熱 30秒。

3　在預熱的咖啡杯中倒入 30g 栗子南瓜糊。

4　再倒入義式濃縮咖啡後，充分攪拌。

5　將 160ml 的牛奶加熱後倒入④中。

6　在飲料上方撒上肉桂粉即完成。

1　萃取 40ml 義式濃縮咖啡。

2　將 40g 栗子南瓜糊和冰塊放入準備好的杯子中。

3　倒入 180ml 的牛奶，調製成黃色的牛奶基底。

4　將義式濃縮咖啡倒入③中即完成。

玫瑰拿鐵

可曾想像過散發著玫瑰香氣的咖啡？使用玫瑰糖漿和牛奶調製拿
鐵後，試著在奶泡上方以玫瑰花瓣裝飾，看著花瓣滿滿的咖啡，
無論是誰心情都會變好吧？

ASSEMBLE

Coffee Base
義式濃縮咖啡 40ml

Liquid
牛奶 160ml

Syrup
玫瑰糖漿 20ml （見 P246）

Garnish
奶泡 1 勺，食用玫瑰花瓣適量

RECIPE

1 萃取 40ml 義式濃縮咖啡。

2 溫杯。預先準備咖啡杯裝入熱水再倒出，或是使用微波爐加
熱 30 秒。

3 在預熱的咖啡杯中放入 20ml 玫瑰糖漿和義式濃縮咖啡，攪拌
均勻。

4 以蒸氣加熱打發牛奶。

5 將產生豐富奶泡的溫熱牛奶倒入③中，再使用湯匙將奶泡舀
到咖啡上。

6 在奶泡上方撒上玫瑰花瓣裝飾。

BASE 義式濃縮咖啡

HOT & COOL

黑櫻桃牛奶咖啡

在杯中依序放入義式濃縮咖啡（2 shot）、糖漬櫻桃、牛奶調製
而成的飲品，甜美又香氣四溢的櫻桃風味咖啡牛奶，讓人心情
變得飄飄然，若再追加充滿櫻花香氣的櫻花糖漿也很好喝。最
後別忘了放入像雲朵般的發泡鮮奶油喔！

ASSEMBLE

Coffee Base
義式濃縮咖啡 40ml

Liquid
牛奶 80～100ml COOL 冰塊 1/3 杯

Syrup
糖漬櫻桃 10g

Garnish
發泡鮮奶油 1 勺（見 P25），櫻桃 1 顆

RECIPE

1　萃取 40ml 義式濃縮咖啡。

2　溫杯。預先準備咖啡杯裝入熱水再倒出，或是使用微波爐加
　　熱 30 秒。

3　在預熱的咖啡杯中倒入義式濃縮咖啡，再放入糖漬櫻桃。

4　將 100ml 的牛奶加熱後，倒入③中。

5　在咖啡上放上發泡鮮奶油，再放上櫻桃裝飾。

1　萃取 40ml 義式濃縮咖啡。

2　將糖漬櫻桃放入萃取的義式濃縮咖啡中。

3　在準備好的杯子中倒入②，放入冰塊後，倒入 80ml 的冰牛
　　奶。

4　在咖啡上放上發泡鮮奶油，再放上櫻桃裝飾。

蓮花脆餅阿芙佳朵

將義式濃縮咖啡淋在冰淇淋上享用的甜點稱為「阿芙佳朵」
（Affogato）。試著加上蓮花脆餅一起吃吃看！無論是沾咖啡或
是溶化的冰淇淋都非常好吃。

ASSEMBLE

Coffee Base
義式濃縮咖啡 40ml

Liquid
香草冰淇淋 2 球

Garnish
蓮花脆餅 2 片

RECIPE

1　萃取 40ml 義式濃縮咖啡。

2　在矮胖的杯子中放入 2 球香草冰淇淋。

3　將義式濃縮咖啡淋入②中。

4　輕輕將蓮花脆餅插在冰淇淋上。

--- TIP ---

利用餅乾當湯匙
沒有蓮花脆餅，也可以使用消化餅。利用
餅乾當湯匙，同時享用冰淇淋和咖啡。

BASE 義式濃縮咖啡

COOL

甜麥仁咖啡奶昔

充滿回憶的零食甜麥仁和咖啡的相遇。咖啡、冰淇淋和甜麥仁一起放入果汁機中運轉，意外的組合令人大吃一驚！除了是一款讓人驚豔的飲品，將甜麥仁高高堆起裝飾，就成了毫不遜色的甜點。映入眼簾的瞬間，是讓人彷彿回到童年時光，使人心情變好的飲品。

ASSEMBLE

Coffee Base
義式濃縮咖啡 25ml

Liquid
牛奶 100ml，冰塊 1/2 杯

Syrup
香草冰淇淋 1 又 1/2 球
甜麥仁 1 又 1/2 杯

Garnish
甜麥仁 1/2 杯

RECIPE

1. 萃取 25ml 義式濃縮咖啡。
2. 在果汁機中依序放入冰塊、冰淇淋、義式濃縮咖啡、牛奶後開始運轉。
3. 確認所有食材充分混合，且冰塊都被打成碎冰。
4. 將 1 又 1/2 杯甜麥仁加入③中，以瞬轉功能攪打 4～5 次。
5. 在準備好的玻璃杯中倒入④，將剩下的 1/2 杯甜麥仁放在飲料上方裝飾。

═══════ TIP

穀物也可以代替甜麥仁
沒有甜麥仁，也可以使用家中既有的其他穀物。加上 15ml 巧克力糖漿，會變得更加香甜可口。

Flat white

拿鐵相當重視咖啡原本的味道，Flat white 採用比拿鐵更濃郁的義式濃縮咖啡和薄層細緻平滑的奶泡調製，無論是熱飲或冰飲都放在玻璃杯中飲用，是這道飲品的重點。試著享受咖啡和牛奶創造的濃郁口感吧！

註：Flat white 包含小白咖啡、平白咖啡、馥列白。

ASSEMBLE

Coffee Base
義式濃縮咖啡 40～50ml

Liquid
牛奶 130～150ml
COOL 冰塊 1/2 杯

RECIPE

1 溫杯。預先準備玻璃杯裝入熱水再倒出，或是使用微波爐加熱 30 秒。

2 萃取 40ml 義式濃縮咖啡（直接萃取入預熱的杯中）。

3 將 150ml 的牛奶以蒸氣加熱打發。

4 將產生豐富奶泡的溫熱牛奶倒入②中。

5 再將奶泡舀到咖啡上，注意高度不要超過 1cm。

1 萃取 50ml 義式濃縮咖啡。

2 將冰塊放入準備好的玻璃杯中。

3 將 130ml 的冰牛奶倒入②中。

4 倒入萃取的義式濃縮咖啡（也可以直接將咖啡萃取入③的杯子中）。

BASE 義式濃縮咖啡

COOL

藍柑橘海洋拿鐵

讓人聯想到湛藍海洋的拿鐵。添加散發柑橘香氣的藍柑橘糖漿，讓雙眼和心靈都覺得清涼。在杯緣放上泳圈造型的甜甜圈，不僅視覺效果佳，和咖啡搭配的效果也很好，可説是一石二鳥。

ASSEMBLE

Coffee Base
義式濃縮咖啡 40ml

Liquid
牛奶 150ml，冰塊 1/2 杯

Syrup
藍柑橘糖漿 15ml

Garnish
甜甜圈 1 個

RECIPE

1　萃取 40ml 義式濃縮咖啡。

2　在準備好的玻璃杯中放入藍柑橘糖漿。

3　在②的杯子中放入冰塊，倒入牛奶後攪拌 3～4 次，打造自然的漸層色彩。

4　倒入萃取的義式濃縮咖啡。

5　放上圓圈形的甜甜圈即完成。

==================== **TIP**

甜甜圈冷凍保存後再使用
甜甜圈購入後，個別包裝再冷凍保存。使用前，取出放置在室溫約 20 分鐘後再使用。

杏仁咖啡

杏仁的風味和咖啡很相稱,分別在咖啡基底和發泡鮮奶油中加入杏仁糖漿,創造出甜美又香醇的飲料。整體糖度配合鮮奶油的甜度調整,風味獨特。也可以挑戰榛果風味。

ASSEMBLE

Coffee Base
義式濃縮咖啡 40ml

Liquid
牛奶 130ml,冰塊 1/2 杯

Syrup
杏仁糖漿 5ml
杏仁鮮奶油 1 勺(杏仁糖漿 10ml
+ 發泡鮮奶油 1 勺)

Garnish
杏仁片或堅果少許

RECIPE

1　萃取 40ml 義式濃縮咖啡。

2　在①中放入 5ml 杏仁糖漿混合均勻。

3　再放入冰塊,並倒入牛奶略微混合至 80% 均勻。

4　將 10ml 杏仁糖漿加入發泡鮮奶油,攪打成杏仁鮮奶油。

5　用大湯匙分三次將杏仁鮮奶油舀到③上,層層交疊。

6　撒上杏仁片或堅果即完成。

TIP

強烈推薦使用烤杏仁糖漿
使用強調焙烤風味的烤杏仁糖漿(Roasted Almond Syrup),風味更佳。發泡鮮奶油混合糖漿後容易沉澱,建議利用攪拌器輕輕攪打均勻。

BASE 義式濃縮咖啡

COOL

紅絲絨拿鐵

外觀美麗到讓人想要先拍照打卡！欣賞奶泡慢慢變成粉紅色的
過程，別有一番風味。飲料的甜度很高，建議使用低脂牛奶。

ASSEMBLE

Coffee Base
義式濃縮咖啡 40ml

Liquid
牛奶 180ml，冰塊 1/2 杯

Syrup
紅絲絨粉 25g

Garnish
奶泡 1 勺，紅絲絨粉少許

RECIPE

1　萃取 40ml 義式濃縮咖啡。

2　在義式濃縮咖啡中放入 25g 紅絲絨粉，攪拌至溶解。

3　在準備好的杯子放入冰塊後，倒入②。

4　保留少許牛奶，剩下的牛奶全數慢慢倒入。

5　保留的牛奶打成奶泡後放在④上面，在表面撒上紅絲絨粉。

────────────── TIP

製作使用於冰飲的奶泡
添加在冰飲中的奶泡，需將牛奶倒入法式
濾壓壺，透過上下快速移動濾網打發牛
奶。如果是拿鐵飲料，先將牛奶打成奶
泡，倒入牛奶後再疊上奶泡。

迷你焦糖牛奶咖啡

專為覺得焦糖瑪奇朵太過沉重的人所打造的飲品。在添加焦糖
的咖啡基底中倒入牛奶，可以同時感受到甜美和微苦的滋味。
牛奶的適當分量大約是義式濃縮咖啡的 2 倍。

ASSEMBLE

Coffee Base
義式濃縮咖啡 40ml

Liquid
牛奶 100ml

Syrup
焦糖糖漿 15ml （見 P242）

Garnish
發泡鮮奶油 1/2 勺 （見 P25）
牛奶糖（切小塊）適量

RECIPE

1　萃取 40ml 義式濃縮咖啡。

2　將焦糖糖漿放入萃取的義式濃縮咖啡中。

3　溫杯。預先準備咖啡杯裝入熱水再倒出，或是使用微波爐加
　　熱 30秒。

4　在預熱的杯中倒入②，牛奶加熱後倒入。

5　將發泡鮮奶油放在④上面，再放上切成小塊的牛奶糖。

TIP

牛奶糖預先切好後保存
牛奶糖預先切好，撒上糖粉保存，在使用
上會較為方便。糖粉可以防止牛奶糖塊因
為本身特有的黏性而造成彼此沾黏。

BASE 冰滴咖啡

COOL

紐奧良冰咖啡

菊苣糖漿和咖啡的相遇，甜蜜醇厚，風味絕倫，是紐奧良當地的一種特殊咖啡。在美國開始人氣高漲，形成狂熱支持群眾的咖啡。選擇冰滴咖啡當基底，風味更顯柔和，調製完成後，放入冰箱冷藏熟成 1 小時後再飲用。

ASSEMBLE

Coffee Base
冰滴咖啡 50ml

Liquid
牛奶 180ml，冰塊 1/2 杯

Syrup
菊苣糖漿 20ml（見 P241）

RECIPE

1 準備 50ml 冰滴咖啡。

2 在冰滴咖啡中放入菊苣糖漿，攪拌均勻。

3 倒入冰牛奶後混合均勻。

4 全數倒入適當容器，放進冰箱冷藏熟成 1 小時以上。

5 將冰塊放入準備好的杯子中，倒入適量④飲用。

―――――― TIP

作為咖啡替代品而受到矚目的菊苣根
菊苣根以特有的苦味作為咖啡替代茶飲，正受到市場歡迎。對過多咖啡因感到負擔時，飲用正好。

香草奶泡冰滴

牛奶混合香草糖漿後打成卡布奇諾奶泡，與冰滴咖啡基底調合而
成。沒有過多甜味，也沒有濃郁咖啡味，是一款追求有如雲朵般
柔軟風味的飲品，推薦給咖啡因敏感者。

ASSEMBLE

Coffee Base
冰滴咖啡 30～40ml

Liquid
牛奶 150ml COOL 冰塊 1/2 杯

Syrup
香草糖漿 20～25ml （見 P245）

Garnish
奶泡 1 勺，食用花適量

RECIPE

1 　準備 30ml 冰滴咖啡。

2 　溫杯。預先準備咖啡杯裝入熱水再倒出，或是使用微波爐加
　　熱 30 秒。

3 　將冰滴咖啡倒入預熱的咖啡杯中。

4 　鍋中放入 150ml 牛奶、20ml 香草糖漿，以攪拌器攪打並加
　　熱。

5 　在③中倒入④，最後將奶泡鋪放在咖啡上。

6 　以藍色系食用花點綴即完成。

1 　準備 40ml 冰滴咖啡。

2 　準備細長型的杯子，倒入冰滴咖啡。

3 　在 150ml 牛奶中放入 25ml 香草糖漿，混合均勻。

4 　將③放入法式濾壓壺中，上下快速移動濾網，製作出豐富的
　　奶泡。

5 　在②中倒入冰塊和④，最後將奶泡鋪放在咖啡上。

6 　以藍色系食用花點綴即完成。

BASE 冰滴咖啡

HOT & COOL

太妃核果拿鐵

以杏仁、核桃、可可豆碎提味，並充滿太妃糖香氣的咖啡，讓這道飲品人氣居高不下，更為了喜歡柔和甜味的人，特別使用冰滴咖啡調製。若使用 150g 冰淇淋取代 150ml 牛奶，即可製作咖啡冰沙凍飲。

ASSEMBLE

Coffee Base
冰滴咖啡 30～40ml

Liquid
牛奶 170～180ml COOL 冰塊 1/2 杯

Syrup
太妃核果糖漿 15～20ml

Garnish
發泡鮮奶油 1 勺（見 P25）
可可豆碎或綜合堅果少許

RECIPE

1　準備 30ml 冰滴咖啡。

2　在冰滴咖啡中放入 15ml 太妃核果糖漿，混合均勻。

3　溫杯。預先準備咖啡杯裝入熱水再倒出，或是使用微波爐加熱 30 秒。

4　將 170ml 的牛奶充分加熱。

5　在預熱的咖啡杯中倒入②和加熱的牛奶。

6　放上發泡鮮奶油，以可可豆碎或切碎的綜合堅果裝飾。

1　準備 40ml 冰滴咖啡。

2　在冰滴咖啡中放入 20ml 太妃核果糖漿，混合均勻。

3　將 180ml 冰牛奶倒入②中。

4　將冰塊放入準備好的杯子中，再倒入③。

5　放上發泡鮮奶油，以可可豆碎或切碎的綜合堅果裝飾。

咖啡通寧

將咖啡倒入通寧水或氣泡水或氣泡飲料中,像雞尾酒般的咖啡飲
品,適合在盛夏享用。如果無法想像有著氣泡的咖啡是什麼滋
味,一定要製作一次喝喝看。

ASSEMBLE

Coffee Base
冰滴咖啡 50ml

Liquid
氣泡飲料 180ml,冰塊 1/2 杯

RECIPE

1 氣泡飲料充分冰鎮備用。

2 準備 50ml 冰滴咖啡。

3 將冰塊放入準備好的杯子中。

4 放入冰鎮的氣泡飲料後,倒入冰滴咖啡即完成。

―――――TIP
依照個人喜好追加榛果糖漿
如果想要在咖啡通寧中加上一點甜味,建
議加入 10ml 榛果糖漿,可以同時品味甜蜜
又香醇的滋味。

BASE 冰滴咖啡

COOL

葡萄柚咖啡通寧

咖啡通寧加上葡萄柚一起飲用的飲品,若在葡萄柚果肉之外加上糖漬葡萄柚一起喝,風味更佳。推薦給想喝咖啡也想喝葡萄柚氣泡飲的人,酸甜微苦的滋味和咖啡十分契合。

ASSEMBLE

Coffee Base
冰滴咖啡 40ml

Liquid
氣泡水 180ml,冰塊 1 杯

Syrup
糖漬葡萄柚 30g (見 P251)
葡萄柚果肉 2 瓣

Garnish
葡萄柚切片 1 片

RECIPE

1 準備 40ml 冰滴咖啡。

2 在準備好的杯子中放入糖漬葡萄柚。

3 葡萄柚果肉搗碎後加入②,混合均勻。

4 以冰塊填滿③後,倒入氣泡水。

5 再倒入冰滴咖啡。

6 放入葡萄柚切片裝飾即完成。

——————————————— TIP

嘗試變換水果種類
試著以咖啡通寧為基底,調製各種通寧飲料。藍莓、檸檬、柳橙等水果都可以取代葡萄柚,藍莓咖啡通寧也是受歡迎的飲品。

薄荷拿鐵

咖啡中放入薄荷，讓人想到翠綠的樹林。如同薄荷巧克力受到歡
迎一般，也有不少人喜歡薄荷咖啡。更重要的是，薄荷、牛奶和
咖啡三種顏色的搭配相當漂亮。試著調製充滿個性的咖啡吧！

ASSEMBLE

Coffee Base
冰滴咖啡 40ml

Liquid
牛奶 180ml，冰塊 1/2 杯

Syrup
薄荷糖漿 20ml

Garnish
香草植物少許

RECIPE

1　準備 40ml 冰滴咖啡。

2　將薄荷糖漿放入準備好的杯子中。

3　放入冰塊後倒入牛奶。

4　稍微攪拌③，製造適當的漸層效果。

5　在④中倒入冰滴咖啡，完成最後一層。

6　將香草植物放在咖啡上方即完成。

TIP

以薄荷製作天然色彩
如果覺得薄荷糖漿的綠色太過人工，可以
嘗試使用天然薄荷。用手攪拌一把薄荷，
加上 10g 砂糖混合均勻即可。

BASE 冰滴咖啡

COOL

香蕉拿鐵

具有酸味低、風味柔和、高飽足感等特點,因此經常被點選為當代餐的飲品。插上口徑大的吸管,連同香蕉果肉一起喝下才美味。也可以加入冰塊打碎,製作成奶昔。

ASSEMBLE

Coffee Base
冰滴咖啡 40ml

Liquid
香蕉牛奶 160ml,冰塊 1/2 杯

Syrup
糖漬香蕉 30g

Garnish
香草植物 1 枝

RECIPE

1 準備 40ml 冰滴咖啡。

2 將糖漬香蕉放入香蕉牛奶中,攪拌均勻。

3 將冰塊放入準備好的杯子後,倒入②。

4 再倒入冰滴咖啡。

5 放上香草植物(茉莉葉或是百里香)即完成。

=== TIP

冷藏保存糖漬香蕉
香蕉和糖漬香蕉容易褐變,保存方面要多加留意,香蕉放在室溫下可以保存 3~4 天,剩下的糖漬香蕉務必要冷藏保存。

水蜜桃紅茶咖啡

以水蜜桃紅茶取代糖漿，並使用冰滴咖啡調製而成，水蜜桃的香氣和咖啡很協調，是和水果茶一起譜出的可愛咖啡。適合不太能喝咖啡的咖啡入門者。

ASSEMBLE

Coffee Base
冰滴咖啡 50ml

Sub Base
水蜜桃紅茶包 1 包

Liquid
飲用水 200ml，冰塊 1 杯

Syrup
砂糖 10g

Garnish
水蜜桃 2～3 塊
香草植物少許

RECIPE

1　準備 50ml 冰滴咖啡。

2　在 200ml 飲用水中放入水蜜桃紅茶包浸泡 1 小時，製作成基底備用。

3　在冰滴咖啡中放入砂糖並充分溶解。

4　將②的冷泡水蜜桃紅茶倒入預先準備好的杯子中，再放入③攪拌均勻。

5　放入水蜜桃塊和冰塊。

6　以香草植物裝飾即完成。

--- TIP

使用花草茶包也可以
如果對咖啡因較敏感，也可以使用有水蜜桃或杏桃香味的花草茶包。可以多方嘗試紅茶與咖啡、花草茶與咖啡的契合程度。

BASE 冰滴咖啡

COOL

枳椇子蜂蜜咖啡

飲酒隔天喉嚨總是特別乾渴，雖然想要喝咖啡，但是擔心會傷胃，這種時刻非常推薦這道飲品。柔和的冰滴咖啡加上枳椇子茶調製而成，能爽快的消除口渴，是一款著重攝取水分的咖啡。

ASSEMBLE

Coffee Base
冰滴咖啡 40ml

Liquid
枳椇子茶包 1 包，冰塊 1 杯

Syrup
蜂蜜 20ml

Garnish
迷迭香 1 枝

RECIPE

1　準備 40ml 冰滴咖啡。

2　在 150ml 熱水中放入枳椇子茶包，浸泡 5 分鐘。

3　以冰塊填滿準備好的杯子，放入②和蜂蜜後攪拌均勻。

4　倒入冰滴咖啡，以迷迭香裝飾。

5　可以按照個人喜好追加 10ml 蜂蜜。

―――――――――――――――― TIP
加入枳椇子原液也好喝
若覺得使用茶包泡枳椇子茶太麻煩，也可以在網路商店購入枳椇子原液加入飲料中。原液只要添加 1 滴即可。

FLAVOR

經典茶薰染香氣製成的調味茶備受歡迎。
混合數種茶創造出新的香味，
如伯爵茶再加上焦糖香或是莓果香薰染玫瑰香，
果香和花香隱約又接近自然的香氣，更勝強烈、濃郁的香味。

COLOR

創意茶飲的色彩從原本以紅色與棕色為主，
隨著綠茶的活用度提高，開始看到綠色陸續登場。
紅茶或花草茶則是透過添加水果或花卉，來呈現飲品的分量感。

TASTE

盡可能減少茶葉既有成分單寧的苦澀味，
表現原本個性的飲品開始受到歡迎。
經常使用牛奶或豆奶來提高飽足感的同時，風味也變得更加柔和。
從單純的 1 杯飲料，搖身變成提供療癒的茶飲，而逐漸受到關注。

TEA & HERB—TEA

若問到最近 café signature menu 的流行風潮，
絕對要列入茶與花草茶。
以綠茶、紅茶、花草茶為基底變化出的各種創意茶飲，
人氣正在逐漸上升。添加水果或糖漿讓風味更上一層樓，
積極活用花卉、水果、香草植物等素材，
讓視覺也更顯華麗的飲品大舉問世。

SIGNATURE TEA&HERB-TEA
=BASE+∂

TEA & HERB-TEA signature menu 的基本就是綠茶、紅茶與花草茶。茶飲基底雖然經常使用顆粒細密的抹茶或 CTC 紅茶等個性鮮明的茶款，如今也漸漸開始為了具有深度的茶味與茶香而使用原葉茶。最近以色彩繽紛的花草茶為基底的 signature menu 也開始受到歡迎。

BASE

綠茶

綠茶味道清爽，風味清香又柔和。「雨前」或是「細雀」這類高級綠茶建議直接品飲，飲料基底則是建議使用抹茶或是調味綠茶。粉狀綠茶分為一般綠茶粉和抹茶兩種，一般綠茶粉是使用炒菁製成的綠茶磨成粉狀，抹茶則是遮光栽培的綠茶蒸菁乾燥後研磨成細緻粉末。

➕ 水

使用一節指頭分量的原葉茶，就能充分感受到綠茶特有的香氣與柔和滋味。水的成分也很重要，建議使用軟水，時間、水量和溫度務必要留意。

紅茶

隨著紅茶粉碎形態的不同，可分為原葉紅茶和 CTC 紅茶兩種。有別於切碎的原葉紅茶，CTC 紅茶是將茶葉碾碎、撕裂、捲起。原葉紅茶柔和又濃厚的香氣宜人，適合直接品飲，CTC 紅茶則是適合用於短時間沖泡、濃茶、茶包或是創意茶飲。

➕ 牛奶

CTC 紅茶和抹茶一樣，個性鮮明，顏色濃郁。葉片越小，浸泡的表面就越多，茶香也就更能滲入牛奶中。建議使用脂肪含量高、風味香醇的一般牛奶。

花草茶

花草茶無須另外調味，香氣和風味就非常多元，廣泛運用在飲料中，例如色彩鮮紅的洛神花茶、遇到檸檬汁等酸性成分就會散發粉紅色的玫瑰花瓣茶、香氣清新的檸檬香蜂草茶等，都是代表性的花草茶基底。花草茶具有藥性，建議輪流飲用各種花草茶，不要長期服用單一種花草茶。

➕ 氣泡

花草茶有各種顏色，能夠呈現華麗的視覺效果，特別適合作為夏季飲品。色彩美麗且沒有單寧，加上氣泡水，感覺就像是氣泡飲料。

SIGNATURE TEA&HERB-TEA = BASE
萃取法

沖泡茶飲基底時，基準會隨著茶葉類型而改變。綠茶、紅
茶和花草茶各自的水溫、時間、用量不同之外，茶葉粉碎
程度不同，萃取方法也會隨之改變。茶的風味不像咖啡一
樣強烈，沖泡階段要更加留意。

BASE 萃取：
原葉綠茶

沖泡原葉綠茶時，水溫會對風味帶來重大影響。一般會冷卻降溫至 75°C，約莫是沸水反覆移動到其他杯子或茶壺中 3～4 次的溫度。水溫若太高，會大量萃取出茶葉中的苦味，因此務必要嚴格控制溫度。使用原葉綠茶製作茶飲基底時，濃度要高於直接品飲，所以要拉長浸泡時間或是增加茶葉用量。根據茶葉的品質不同，可以使用 200ml 的水多沖泡 2～3 次。

1　在茶壺中倒入沸水至一半的高度進行預熱。

2　在預熱的茶壺中放入 3g 原葉綠茶。

3　將煮沸後冷卻降溫至 75°C 的 200ml 熱水倒入②中。

4　設定計時器，浸泡 1 分 30 秒。

5　透過濾網過濾倒出茶湯。

BASE萃取：
抹茶

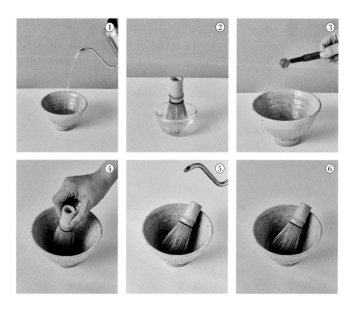

使用抹茶製作飲料基底時請確認原產地。加水沖泡時，選擇遮光栽培的抹茶較好，不建議使用磨成粉的綠茶。預先製作茶湯可能會變色，因此需要即席沖泡製成基底。製作添加砂糖的抹茶基底時，預先將砂糖和抹茶混合均勻，加水沖泡就能做出類似抹茶糖漿的效果。

1 在容器中倒入沸水至一半的高度進行預熱。

2 以熱水潤溼攪拌抹茶用的茶刷「茶筅」。

3 在預熱的容器中放入 2～3g 抹茶。

4 加入 2 小匙熱水至③中，使用茶筅細細刷開抹茶。

5 倒入 50～60ml 沸水。

6 以畫 M 字的方式，使用茶筅將抹茶混合均勻。

BASE萃取：
原葉紅茶

原葉紅茶最美味的沖泡公式稱為
「黃金法則」，法則的核心是
「333」，意思是「3g 的紅茶在
300ml 的水中浸泡 3 分鐘」。一
定要先使用熱水預熱茶具後再泡
茶，如此才能維持泡茶用水的溫
度，茶才能泡得好喝。遵守「黃
金法則」沖泡的紅茶，適合調製
溫暖的紅茶飲料。原葉紅茶可以
使用 300ml 的水再沖泡第二次。

1　在茶壺中倒入沸水至一半的高度進行預熱。

2　在預熱的茶壺中放入 3g 紅茶。

3　將煮沸後降溫至 90℃ 的 300ml 熱水倒入②中。

4　葉片大的紅茶浸泡 3 分鐘，葉片粉碎的紅茶浸泡 2 分鐘。

5　透過濾網過濾倒出茶湯。

BASE萃取：
冷泡紅茶

紅茶含有大量單寧成分，如果不熟悉這種味道，喝熱紅茶時可能會覺得舌頭被緊緊抓住。這個時候可以試試看冷泡紅茶，冷泡產生的丹寧成分較少，讓人可以輕鬆享受茶飲。尤其是使用冷泡紅茶調製的冰茶，柔和的風味和香氣都是一絕！冷泡的適當時間是8～12小時，超過建議時間，冷泡3～4天風味會產生變化，請留意！

1　準備有瓶蓋的適當容器。

2　倒入500ml飲用水。

3　在②中放入4～5g紅茶。

4　拴緊瓶蓋後，放入冰箱冷泡8～12小時。

5　從冰箱中取出搖晃均勻。

6　透過濾網過濾倒出茶湯。

BASE 萃取：
花草茶

所有的花草茶沖泡一次，就會將有效成分全部萃取出來，因此不會沖泡兩次。選用各種類的花草茶，比固定飲用單一種類的花草茶好，建議攝取量一次為 2～3g，一天 6g 左右。沖泡時間要隨花草茶葉片大小調整，葉片切細的花草茶約 4 分鐘，保存原貌的花草茶則要浸泡約 7 分鐘，適合的水溫是 90°C。

1　在茶壺中倒入沸水至一半的高度進行預熱。

2　在預熱的茶壺中放入 2g 花草茶。

3　將煮沸後降溫至 90°C 的 300ml 熱水倒入②中。

4　隨著葉片大小不同，浸泡 4～7 分鐘。

5　透過濾網過濾倒出花草茶。

SIGNATURE TEA & HERB-TEA
= BASE + MILK

眾多創意茶類飲品閃亮登場！茶和牛奶結
合，現在也成為像咖啡拿鐵般的飲品。以
奶茶為首，不僅是紅茶，由綠茶或花草茶
組成的各種茶拿鐵飲品也陸續上市。以下
介紹牛奶的適當比例，以便調製出美味又
不失茶本身個性的茶拿鐵。

○ **綠茶拿鐵**（綠茶：牛奶 = 1：50）

綠茶拿鐵使用遮光栽培綠茶研磨成粉的抹茶，放入牛奶沖泡後使用。本書主要是選用濟州島有機抹茶。其他進口抹茶添加烘焙用綠藻粉，雖然顏色較濃郁，但稍微破壞了綠茶特有的風味。抹茶基底的飲料經過一段時間後，粉末會沉澱，飲用時需再充分攪拌。

○ **紅茶拿鐵（奶茶）**（紅茶：牛奶 = 1：30）

調製紅茶拿鐵時，使用切細的原葉紅茶作為基底，比大葉片的紅茶更適當。紅茶等級若標示為「BOPF」，表示適合製作奶茶。牛奶具有隱蔽紅茶丹寧成分的性質，因此沖泡紅茶拿鐵的茶湯基底時，浸泡時間要延長 2 倍以上，如此才能調製出足以感受到茶香與風味的奶茶。

○ **香料茶拿鐵**（紅茶：牛奶 = 1：25）

香料茶拿鐵是稍微特別一點的紅茶拿鐵，它是在奶茶中添加香辛料調製而成的飲料。紅茶用量包含香辛料在內，主要是使用肉桂、丁香等，由於韓國對於香辛料較陌生，因此會避免使用小茴香、大茴香和孜然等香辛料或是酌減用量。使用熬煮的方式會比浸泡更對味，相較於冷飲，熱飲才是經典。

○ **花草茶拿鐵**（花草：牛奶 = 1：50）

奶茶開始多元化，使用花草茶調製的奶茶大量出現在市面上。花草茶的領域較紅茶或綠茶龐大，因此風味和香氣也相當多元。花草茶中的薰衣草或薄荷與牛奶十分契合，但也有不搭調的花草，尤其是酸度強烈的洛神花茶，會分離牛奶中的蛋白質，最好避免和牛奶一起調製成創意飲品。

BASE 綠茶

HOT & COOL

紅豆抹茶歐蕾

以蜜紅豆取代砂糖提味的抹茶飲料，不分任何季節都能享用，冰飲的滋味彷若綠茶刨冰，熱飲則有如綠茶風味的紅豆甜湯。蜜紅豆建議使用糖度低、紅豆特有香氣濃郁的韓國產全粒蜜紅豆。

ASSEMBLE

Tea Base
抹茶 4g，砂糖 8g，熱水 20ml

Liquid
牛奶 200ml COOL 冰塊 1/3 杯

Syrup
蜜紅豆 20～25g

Garnish
HOT 發泡鮮奶油 1 勺 （見 P25）
蜜紅豆顆粒少許

RECIPE

1　抹茶和砂糖混合均勻。

2　倒入 20ml 的熱水（80℃），調勻成抹茶糖漿。

3　放入 20g 蜜紅豆，再次攪拌均勻。

4　將 200ml 的牛奶充分加熱後倒入③中。

5　放上發泡鮮奶油，再放上少許蜜紅豆即完成。

1　抹茶和砂糖混合均勻。

2　倒入 20ml 的熱水（80℃），調勻成抹茶糖漿。

3　將②調勻的抹茶糖漿放入 200ml 牛奶中，混合均勻。

4　在準備好的杯子中放入 25g 蜜紅豆和冰塊。

5　將③倒在冰塊上，飲用前攪拌均勻。

漂浮抹茶

阻絕光線栽培的綠茶研磨成細粉，稱為「抹茶」。抹茶和牛奶
混合成抹茶牛奶，上面再放入一球冰淇淋，即成為濃郁的漂浮
抹茶，隨著冰淇淋溶化，口感會變得更加濃郁、香甜。

ASSEMBLE

Tea Base
抹茶 6g，砂糖 10g，熱水 30ml

Liquid
牛奶 220ml，冰塊 1/2 杯

Syrup
香草冰淇淋 1 球

Garnish
抹茶粉少許

RECIPE

1　抹茶和砂糖混合均勻。

2　倒入 30ml 的熱水（80℃），調勻成抹茶糖漿。

3　將②放入牛奶中，混合均勻。

4　將冰塊放入準備好的杯子後，倒入③。

5　放上香草冰淇淋後，撒上抹茶粉即完成。

TIP

抹茶冰淇淋搭配白巧克力也 OK
香草冰淇淋替換成抹茶冰淇淋，再以白巧
克力取代抹茶粉裝飾，這樣的漂浮抹茶也
很吸引人的目光！

BASE 綠茶

HOT

柚子福吉茶

日本京都知名的焙茶（福吉茶），是以大火焙炒綠茶製成的
茶。是焙炒等級比優質綠茶低一階的粗茶，但暖心的風味是其
特徵。泡一杯熱熱的福吉茶，混合酸酸甜甜的柚子蜜，就成了
富有田園風味的魅力茶飲。

ASSEMBLE

Tea Base
焙茶 2g，熱水 180ml

Syrup
柚子蜜 20g

Garnish
柚子蜜果皮少許

RECIPE

1 溫壺。預先準備茶壺裝入熱水再倒出，或是使用微波爐加熱
  30 秒。

2 在茶壺中放入 2g 焙茶，倒入 180ml 的熱水（80°C），浸泡 3
  分鐘。

3 將柚子蜜放入預熱好的茶杯中。

4 泡好的焙茶倒入③中，攪拌均勻。

5 放上柚子蜜果皮裝飾。

TIP

使用綠茶製作焙茶
如果家中沒有現成焙茶，可以將綠茶放在
平底鍋中，焙炒至褐色後使用。焙茶是以
短時間高溫加熱而成，務必要留意溫度。

奇異果抹茶冰沙

以男女老少都喜愛的奇異果和綠茶調製而成的飲品。茶的單寧
讓飲料變得輕盈，給人與眾不同的感受。使用奇異果當作飲料
基底時，建議選擇甜度較高的進口奇異果。

ASSEMBLE

Tea Base
抹茶 3g，砂糖 15g

Liquid
飲用水 100ml
冰塊 1/2 杯（製作冰沙）
冰塊 1/3 杯

Syrup
奇異果 2 顆

Garnish
奇異果切片 1 片

RECIPE

1　抹茶和砂糖混合均勻。

2　奇異果 2 顆去皮備用。

3　在果汁機中放入 100ml 飲用水、冰塊 1/2 杯、去皮奇異果，
　以低速運轉。

4　運轉至一半時，放入①的抹茶砂糖後繼續攪打，至奇異果打
　碎均勻後停止。

5　將冰塊放入準備好的杯子至 1/3 的高度時，倒入④。

6　放上奇異果切片裝飾即完成。

--- TIP
奇異果加牛奶或優格也很對味
可以使用牛奶或原味優格取代飲用水。加
入牛奶調製則風味柔和，添加優格則會變
得酸甜可口。

BASE 綠茶

COOL

麝香葡萄綠茶

麝香葡萄受到眾人喜愛,甜度超越一般葡萄,有強烈的獨特香氣,因而開發出多種飲品。只要一杯清爽的麝香葡萄綠茶,就能讓暑氣全消。

ASSEMBLE

Tea Base
麝香葡萄綠茶包 1 包,熱水 50ml

Liquid
原味氣泡水 180ml,冰塊 1 杯

Syrup
玫瑰糖漿 30g（見 P246）

RECIPE

1 在 50ml 的熱水（80°C）中放入麝香葡萄綠茶包,浸泡 3 分鐘。

2 沖泡完成的綠茶放入冰箱冰鎮冷卻。

3 在準備好的杯子中放入玫瑰糖漿。

4 以冰塊填滿準備好的杯子,倒入原味氣泡水。

5 取出冰箱內冷卻完成的綠茶,倒入杯中即完成。

TIP

茉莉糖漿也很適合
果香和花香的搭配永遠都是讓人心情愉悅的香氣。如果沒有玫瑰糖漿,改用茉莉花香糖漿也很適合。

葡萄柚茉莉綠茶

茉莉綠茶最美味的飲用方法，肯定是搭配葡萄柚。茉莉綠茶就
算事先沖泡，香氣也不會立刻消散，因此也很適合用於製作瓶
裝飲料。在綠茶中放入砂糖浸漬的糖漬葡萄柚和新鮮葡萄柚，
和冰塊一起喝下，就是世界上最清涼的飲料。

ASSEMBLE

Tea Base
茉莉綠茶 4g，熱水 150ml

Liquid
冰塊 1 杯

Syrup
糖漬葡萄柚 30g〔見 P251〕

Garnish
葡萄柚切片 1/2 片，薄荷類香草植
物少許

RECIPE

1 在 150ml 的熱水（80℃）中放入 4g 茉莉綠茶，浸泡 3 分鐘。

2 在準備好的杯子中放入糖漬葡萄柚，並充分搗碎。

3 以冰塊填滿②，倒入沖泡完成的茉莉綠茶，冰鎮冷卻。

4 將葡萄柚切片放在飲料上。

5 放上薄荷類香草植物即完成。

TIP

茉莉綠茶的選擇
選擇以手工捲製茶葉尖端的珍珠綠茶，會
比使用茉莉花調味的綠茶好。因珍珠綠茶
會和茉莉花瓣混合，葉子散布在花之中，
使珍珠綠茶帶有茉莉花的香氣。

BASE 綠茶

COOL

抹茶佐餅乾冰淇淋

將抹茶淋在冰淇淋上面,再佐以抹茶巧克力包覆的酥脆餅乾,猶如享用聖代甜點般的令人著迷。各種巧克力餅乾和冰淇淋也能替換運用。

ASSEMBLE

Tea Base
抹茶 5g,砂糖 18g,熱水 30ml

Liquid
牛奶 200ml

Syrup
抹茶冰淇淋 2 球

Garnish
抹茶巧克力餅乾 3～4 個,草莓 1
～2 顆,薄荷類香草植物少許

RECIPE

1 抹茶和砂糖混合均勻。

2 倒入 30ml 的熱水(80℃),調勻成抹茶糖漿。

3 將②放入牛奶中,混合均勻。

4 在準備好的杯子中放入抹茶冰淇淋,以抹茶巧克力餅乾、草莓、香草植物裝飾。

5 倒入③,一同享用餅乾和冰淇淋。

=== TIP ===

利用水果點綴,讓視覺更加分
除了點心或餅乾,利用水果點綴,也能讓視覺更有加分效果。舉凡草莓、奇異果、櫻桃、青葡萄等水果都很適合。

義式咖啡奶茶

濃郁紅茶調製的奶茶加入義式濃縮咖啡一起享用的飲品。紅茶
的單寧和咖啡結合，帶出獨特的香氣與風味，推薦給覺得單純
的奶茶好像少了點滋味的人。奶茶可以使用英式早餐茶或是伯
爵奶茶調製。

ASSEMBLE

Tea Base
英式早餐紅茶包 1 包
義式濃縮咖啡 40ml

Liquid
牛奶 300ml，冰塊 1/2 杯

Syrup
紅茶糖漿 35ml （見 P240）

RECIPE

1　在 30ml 的熱水（90°C）中放入茶包，浸泡 5 分鐘。

2　倒入冰牛奶，茶包擠乾水分後取出。

3　紅茶糖漿全數放入後，混合均勻。

4　萃取 40ml 義式濃縮咖啡。

5　將冰塊放入準備好的杯子，先倒入③，再倒入義式濃縮咖
　　啡。

―――――――――――――――― TIP

以黑咖啡取代義式濃縮咖啡
如果沒有義式濃縮咖啡機，可在 40ml 的熱
水中放入 4g 即溶黑咖啡，溶解後使用。若
以手沖咖啡或是冰滴咖啡調製，飲料可能
會變太淡，務必留意。

BASE 紅茶

COOL

黑糖阿薩姆

濃郁的阿薩姆紅茶沖泡後，以黑糖補足甜味的飲品。一開始可能會對甜味感到驚訝，但多喝幾次，就會覺得比添加糖漿的美式咖啡更加香甜甘潤。

ASSEMBLE

Tea Base
阿薩姆紅茶 5g，熱水 200ml

Liquid
冰塊 1 杯

Syrup
黑糖 15g

Garnish
薄荷類香草植物少許

RECIPE

1 在 200ml 的熱水（90℃）中放入 5g 阿薩姆紅茶，浸泡 3 分鐘。

2 在沖泡完成的紅茶中放入黑糖，攪拌至充分溶解。

3 以冰塊填滿準備好的杯子，將②過濾後倒入，冰鎮冷卻。

4 以薄荷類香草植物裝飾。

─────── **TIP**

想要濃郁的紅茶風味，就使用阿薩姆 CTC
可以嘗試調整紅茶濃度製作飲品。想要濃郁的紅茶風味，就使用阿薩姆 CTC，想要柔和風味，就使用原葉阿薩姆紅茶。使用原葉阿薩姆紅茶時，沖泡時間須延長至 5 分鐘。

檸檬氣泡紅茶冰飲

冰紅茶和檸檬氣泡飲各半，混合調製而成的飲品。氣泡越豐富，越
能表現茶的個性，因此氣泡水需要預先冰鎮再使用。檸檬氣泡飲和
冰紅茶依序放入杯中，才會層次分明。這款是高爾夫球選手阿諾·
帕瑪（Arnold Palmer）喜愛的冰茶。

ASSEMBLE

Tea Base
紅茶 3g，飲用水 150ml

Liquid
氣泡水 100ml，冰塊 1/2 杯

Syrup
檸檬 1/4 顆，檸檬糖漿 20g（見 P248）

Garnish
檸檬切片 1 片，薄荷類香草植物少許

RECIPE

1　在 150ml 飲用水中放入 3g 紅茶，密封後放入冰箱冷泡 12 小時。

2　將 20g 檸檬糖漿、1/4 顆檸檬榨汁後放入 100ml 氣泡水中，調製成檸檬氣泡飲。

3　準備一個杯子放入冰塊。

4　調製完成的檸檬氣泡飲倒入③中，至一半高度。

5　冷泡紅茶以濾網過濾後，倒入④中。

6　以檸檬切片和香草植物裝飾。

TIP

可以萊姆替代檸檬
以萊姆替代檸檬，也可以調製出清涼感出
眾的飲料。檸檬糖漿維持同樣分量，以 1/4
顆萊姆取代 1/4 顆檸檬。

BASE 紅茶

HOT & COOL

黑奶茶

使用濃郁的紅茶糖漿調製色澤黝黑的奶茶。利用市面販售的粉末或是糖漿，可以減輕沖泡或是製作冷泡紅茶的辛勞。想要製作非常濃郁的奶茶，就要選擇阿薩姆 CTC 茶包。

ASSEMBLE

Tea Base
錫蘭紅茶包 1 包
熱水 30ml

Liquid
牛奶 200ml COOL 冰塊 1/2 杯

Syrup
紅茶糖漿 25～35ml （見 P240）

RECIPE

1　溫壺和溫杯。預先準備茶壺和茶杯裝入熱水再倒出，或是使用微波爐加熱 30 秒。

2　在預熱的茶壺中放入茶包，倒入 30ml 的熱水，浸泡 5 分鐘。

3　取出②的茶包，放入 25ml 紅茶糖漿，混合均勻。

4　牛奶加熱後倒入，攪拌均勻。

1　在 30ml 的熱水中放入茶包，浸泡 5 分鐘。

2　將冰牛奶倒入①中。

3　利用兩支湯匙擠乾茶包的水分後取出。

4　放入 35ml 紅茶糖漿，混合均勻。

5　將冰塊放入準備好的杯子，倒入④。

玫瑰荔枝紅茶

手邊如果有許多種類的紅茶，就可以享受混搭的樂趣。混合玫
瑰紅茶和覆盆子紅茶，並以香甜的荔枝連接兩者，心情就像是
在品嘗 Pierre Hermé 製作的 Ispahan 馬卡龍（註）。搭配甜蜜的
馬卡龍一起享用更好。

註：是法國甜點大師 Pierre Hermé 最知名的甜點。桃紅色的玫瑰馬卡龍中間夾了玫瑰荔枝甘納許，加上新鮮荔枝與覆盆子，
　　輕盈的花香、清甜的荔枝及覆盆子的果酸，組合成為 Pierre Hermé 的招牌味道之一。

ASSEMBLE

Tea Base
覆盆子紅茶包和玫瑰紅茶包各 1 包
熱水 300ml

Syrup
荔枝糖漿 10ml

RECIPE

1 溫壺和溫杯。預先準備茶壺和茶杯裝入熱水再倒出，或是使
用微波爐加熱 30 秒。

2 在預熱的茶壺中放入覆盆子紅茶包和玫瑰紅茶包，倒入
300ml 的熱水（90℃），浸泡 1 分鐘。

3 將荔枝糖漿放入預熱的茶杯中。

4 沖泡完成的紅茶倒入③中，混合均勻。

―――――――――――――――――― TIP

加入牛奶調製成奶茶
以牛奶浸泡紅茶調製成奶茶也很好。製作
奶茶時，要追加 3g 阿薩姆紅茶和 10g 砂
糖，味道會變得更有深度且更加香甜。

BASE 紅茶

HOT & COOL

茉莉玫瑰奶茶

以茉莉花調製而成的奶茶會是什麼滋味呢？混合茉莉紅茶與玫瑰紅茶，打造宛如含有香水般充滿香氣的奶茶，以奢華的花香填補經典奶茶的單調。如果沒有玫瑰紅茶，可以改用 10g 玫瑰糖漿，並增加阿薩姆紅茶用量以取代玫瑰紅茶，同時也要減少 5g 砂糖。

ASSEMBLE

Tea Base
茉莉紅茶 4g，玫瑰紅茶 2g，阿薩姆紅茶 3g
牛奶 250ml

Liquid
HOT 飲用水 50ml COOL 冰塊 1 杯

Syrup
砂糖 18～20g

Garnish
HOT 發泡鮮奶油 1 大匙 （見 P25）

RECIPE

1 將 250ml 牛奶和 50ml 飲用水倒入鍋中。

2 鍋子移到火源上加熱至即將沸騰。

3 熄火後，放入 4g 茉莉紅茶、2g 玫瑰紅茶、3g 阿薩姆紅茶。

4 在③中放入 18g 砂糖，浸泡 3 分鐘後，以濾網過濾。

5 溫壺和溫杯。預先準備茶壺和茶杯裝入熱水再倒出，或是使用微波爐加熱 30 秒。

6 在預熱的茶杯中倒入④，放上發泡鮮奶油增添柔和滋味。

1 將 250ml 牛奶倒入鍋中。

2 鍋子移到火源上加熱至即將沸騰。

3 熄火後，放入 4g 茉莉紅茶、2g 玫瑰紅茶、3g 阿薩姆紅茶。

4 在③中放入 20g 砂糖，浸泡 3 分鐘後，以濾網過濾。

5 倒入準備好的杯子中，以冰塊填滿，趁冰涼時飲用。

香料奶茶

紅茶加入印度綜合香料調製的香料奶茶，是冬季時 café 的人氣
飲品之一。若不方便準備香辛料製作奶茶，可以直接使用已經
加入印度綜合香料的調味紅茶。香料奶茶趁熱喝下，比冷泡更
美味。

ASSEMBLE

Tea Base
印度香料紅茶 7g
牛奶 300ml
飲用水 50ml

Syrup
砂糖 18g

Garnish
發泡鮮奶油 1 勺（見 P25）

RECIPE

1 將牛奶和飲用水倒入鍋中。

2 放入砂糖後，將鍋子移到火源上，加熱至即將沸騰。

3 放入印度香料紅茶，轉至小火煮 3 分鐘。

4 溫壺。預先準備茶壺裝入熱水再倒出，或是使用微波爐加熱
30 秒。

5 將③熄火後，透過濾網過濾，裝在預熱的茶壺內。

6 放上發泡鮮奶油即完成。

TIP

香料奶茶和薑也很對味
如果覺得異國香辛料和牛奶的組合很陌
生，可以試著加入一塊生薑一起熬煮。薑
和香料奶茶很契合，如此一來就能輕鬆享
用香料奶茶。

BASE 花草茶

COOL

茴香薄荷冰茶

小茴香不易單獨調製成茶飲，但若和其他的香草茶或添加水果混搭，其獨特氣息會較易使人接受。花草茶沖泡一次就會將大部分有效成分萃取出來，因此不會沖泡兩次。

ASSEMBLE

Herb-Tea Base
小茴香、薄荷各 1.5g，熱水 200ml

Liquid
冰塊 1 杯

Syrup
糖漬葡萄柚 20g （見 P251）

Garnish
乾燥檸檬切片 1 片
迷迭香少許

RECIPE

1　在 200ml 的熱水（90°C）中放入小茴香和薄荷，浸泡 5 分鐘，以濾網過濾。

2　將糖漬葡萄柚放入準備好的杯子中。

3　以冰塊填滿②，放入①浸泡完成的花草茶。

4　放入乾燥檸檬切片，以迷迭香裝飾。

TIP

原葉花草茶 1.5g = 茶包 1 包
花草茶由輕盈葉片構成，1.5g 原葉花草茶和大部分 1 包茶包的重量相同。若沒有原葉花草茶則可使用茶包替代。

冬季香料熱果茶

將適合夏天的水果潘趣（fruit punch）改為溫熱飲用的方法。水果以砂糖浸漬後，和香料調味茶一起熬煮，是相當適合聖誕派對或是年末聚會的暖心飲料。也別忘了把一根肉桂棒撲通丟進茶壺中，更顯品味出眾。

ASSEMBLE

Herb-Tea Base
冬季香料果茶包 1 包
熱水 300ml

Syrup
糖漬水果或糖漬綜合莓果 50g〔見 P251〕

Garnish
肉桂棒 1 根，百里香 1～2 枝

RECIPE

1　將 300ml 熱水和冬季香料果茶包放入鍋中加熱。

2　製作糖漬水果（以砂糖浸漬柑橘類或莓果類的水果至砂糖完全溶化）。

3　當①沸騰時，放入糖漬水果，熬煮至整體沸騰為止。

4　溫壺。預先準備茶壺裝入熱水再倒出，或是使用微波爐加熱 30 秒。

5　將③裝入預熱的茶壺中，放入肉桂棒。

6　以百里香等香草植物或乾燥檸檬、葡萄柚、柳橙等果乾裝飾。

TIP

製作糖漬水果
糖漬水果製作後可以當糖漿使用。水果切成薄片後，放入一半分量的砂糖浸漬，在室溫下混合至砂糖全部溶化後，即可使用。

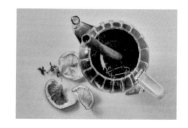

BASE 花草茶

COOL

杏桃漂浮氣泡飲

讓人想起小時候喝的冰淇淋蘇打滋味的飲品。添加藍柑橘糖漿散發出藍色光芒的花草茶，再加上冰淇淋，光是用眼睛看，就讓人通體舒暢。如果想要讓滋味更加香甜，可以使用氣泡飲料取代氣泡水。

ASSEMBLE

Herb-Tea Base
杏桃花草茶包 1 包
熱水 40ml

Liquid
氣泡水 180ml，冰塊 2/3 杯

Syrup
砂糖 10g
藍柑橘糖漿 10ml
香草冰淇淋 1 球

Garnish
糖珠少許

RECIPE

1 在 40ml 的熱水（90℃）中放入杏桃花草茶包，浸泡 5 分鐘。

2 在沖泡完成的花草茶中放入砂糖，攪拌至充分溶解。

3 將藍柑橘糖漿放入準備好的杯子中。

4 將冰塊放入③中至七分滿的高度，倒入②和氣泡水。

5 將香草冰淇淋放在飲料上。

6 以色彩繽紛的糖珠裝飾即完成。

═══════════ TIP

選擇寬大的杯子
將冰淇淋壓到氣泡水下，會開始產生白色的氣泡，建議選擇尺寸稍微寬大一些的杯子盛裝飲品。

極光冰飲

會變化色彩的魔法花草茶。藍錦葵以不同水溫的水浸泡，會呈
現不同顏色的視覺效果，若再加入檸檬就會變成粉紫色。因此
飲用前，再倒入含有檸檬汁的糖漿，可以慢慢欣賞其變化顏色
的過程。

ASSEMBLE

Herb-Tea Base
藍錦葵 1.5g
飲用水 200ml

Liquid
冰塊 1/2 杯

Syrup
檸檬汁 10ml
檸檬糖漿 20ml （見 P248）

RECIPE

1　在 200ml 飲用水中放入 1.5g 藍錦葵，浸泡 3 分鐘。

2　將冰塊放入準備好的杯子，倒入沖泡完成的花草茶。

3　將檸檬汁和檸檬糖漿放入準備好的小瓶子中，混合均勻。

4　飲用前，將③慢慢倒入②中，欣賞顏色變化的過程。

5　顏色完全轉變後，攪拌均勻即可飲用。

TIP

冰水或熱水浸泡皆 OK
藍錦葵使用熱水和冰水浸泡，所呈現的顏
色不同，以熱水浸泡會呈現紫色，使用冰
水浸泡則會呈現藍色。

BASE 花草茶

HOT & COOL

可可豆奶茶

使用豆奶取代牛奶調製的花草茶。將散發巧克力香氣的茶放入豆
奶中充分熬煮,甜美的可可香氣充滿魅力,讓人幾乎忘了豆奶的
存在。如果使用加糖豆奶,可以不用另外添加砂糖。想要滋味更
香甜就加入 10ml 的巧克力糖漿。

ASSEMBLE

Herb-Tea Base
可可豆棉花糖茶 5g
豆奶 200ml

Liquid
COOL 冰塊 1/2 杯

Syrup
砂糖 12〜15g
COOL 巧克力糖漿 10ml （見 P247）

Garnish
HOT 可可豆棉花糖茶少許
COOL 棉花糖 3〜4 塊

RECIPE

1　將 200ml 豆奶倒入鍋中煮沸。

2　沸騰後熄火,放入可可豆棉花糖茶,浸泡 5 分鐘。

3　溫杯。預先準備茶杯裝入熱水再倒出,或是使用微波爐加熱
　　30 秒。

4　鍋子再以小火加熱 1 分鐘,加入 12g 的砂糖,完全溶解後,
　　倒入預熱的茶杯中。

5　放上少許可可豆棉花糖茶裝飾。

1　取一個密封容器,放入 200ml 豆奶、15g 砂糖和可可豆棉花
　　糖茶。

2　放在冰箱冷泡 12 小時。

3　將冰塊放入準備好的杯子,再放入冷泡完成的茶和巧克力糖漿。

4　使用噴槍略微炙燒棉花糖（沒有噴槍的話,使用夾子夾著棉
　　花糖,放在瓦斯爐火上稍微炙燒）。

5　將炙燒完成的棉花糖放在③上面。

洛神花蘇打

使用色澤美麗的洛神花，調製出沒有水果的蘇打飲料。由於沒有另外添加甜味，可能會覺得味道有些單調，若覺得味道太淡，可以添加少許檸檬汁。

ASSEMBLE

Herb-Tea Base
洛神花 3g，熱水 80ml

Liquid
氣泡飲料 180ml，冰塊 1 杯

Garnish
萊姆角 1 塊，薄荷類香草植物少許

RECIPE

1　在 80ml 的熱水（90℃）中放入洛神花，浸泡 10 分鐘。

2　以冰塊填滿準備好的杯子，倒入沖泡完成的洛神花茶。

3　倒入冷藏保存的冰涼氣泡飲料。

4　以萊姆角和薄荷裝飾。

─────────────── TIP

加入檸檬皮浸泡，香氣會更加豐富
如果覺得洛神花茶的味道太單調，浸泡過程中可以加入少許檸檬皮，香氣和味道會變得更豐富。檸檬皮的適當分量為 1/10 顆檸檬。

FLAVOR

牛奶奶香、可可香、威士忌或干邑等烈酒香，頻繁的使用於飲料中。
而天然香草莢雖然價高，但其獨特的芳香，添加在飲料中的次數逐漸增加。

COLOR

從天然食材當中獲取色彩，如綠色的抹茶、黃色的薑黃素、藍色的藍錦葵等。
即使是相同的色彩，混合在清水中或是混合在牛奶中，給人的感覺皆不盡相同。
預先構思飲料的性質和設計，再決定飲料的基底，也是一種方法。

TASTE

偏好使用當季水果勝於冷凍水果，
經常使用草莓、藍莓、櫻桃、水蜜桃等容易取得的水果，
或是以砂糖稍微浸漬的水果，冷凍保存後再放入飲料中，
都是強調水果的自然風味。

SIGNATURE

BEVERAGE

最近的 café 中，飲料也像咖啡或茶一樣顯眼。
近期運用具有飽足感的牛奶或豆漿調製的非咖啡飲品相當搶手，
而利用天然水果或蔬菜製作的飲品，即使是第一次看到，
也可以毫無負擔的嘗試。
以天然食材製作的冰磚所創造出來的色彩與香氣的全新冰品，
也如雨後春筍般出現。

SIGNATURE BEVERAGE
=BASE+∂

咖啡和茶以外的飲料基底多為乳製品、氣泡飲、果汁和冰
品,將其少量添加在咖啡和茶的創意飲品中,就能帶來重
大變化,若單獨飲用也是具有百分百魅力的飲品主角。

BASE

乳製品

滋味柔和豐富的乳製品運用在許多飲料中。乳製品大致上可分為牛奶和優格兩類,最近以優格為基底的飲料嶄露頭角。優格又分為舀起來食用及飲用兩大類,前者主要使用於需撒上配料的品項中,後者則是用於製作冰沙或果汁等創意飲品中。不論牛奶或是優格,其有效期限都很短暫且必須冷藏,因此在保存方面務必要留意。近來以杏仁奶或是豆奶取代牛奶的飲品也逐漸增加中。

氣泡飲

氣泡飲分為氣泡水和氣泡飲料,兩者是透過甜味,也就是有無添加糖來區隔。氣泡水的氣泡比較大也較不細緻,雖然適合調製創意飲品,但是需要另外添加甜味,較為繁瑣。氣泡水又分為原味和柑橘風味,一般飲料基底經常使用檸檬風味氣泡水。氣泡飲料有許多種風味,推薦選擇基本型當作飲料基底,建議使用185ml的小罐包裝,避免氣體流失。

果汁

最常用來當作果汁飲料基底的就是柳橙汁和蘋果汁。熟悉的味道容易入口,經常用於製作夏季飲料。不會對其他食材帶來重大影響,又能讓味覺變得更加豐富。此外,在不另外添加糖漿的飲料中放入果汁,也可以調整甜度與平衡感。用於調製創意飲品時,適量添加 30～50% 的果汁,比 100% 使用果汁更適合。除了柳橙汁和蘋果汁,鳳梨汁或是水蜜桃汁也運用在多種飲料中。

冰品

以風味冰磚為基底製作的刨冰,也在 café 成為人氣選項。相較於突顯副食材香氣的一般刨冰,基底冰磚的香氣也是很重要的一部分。冰磚分為水冰磚和牛奶冰磚兩種,牛奶冰磚本身會添加糖度,可以在短時間內製成刨冰。最近會在水中放入各種香草植物後冷凍,賦予視覺上的亮點。使用抹茶或是各種粉類溶解在水中製作而成的冰磚,人氣也正在逐漸攀升。

SIGNATURE BEVERAGE
= 製作 BASE

除了牛奶或氣泡飲料等市售產品，其他基底
建議直接在家中自製，運用在飲品中，會讓
飲料的風味更有深度。自製優格、蒟蒻果
凍、冰磚等各種夏季飲料基底都能輕鬆製作
完成。

製作 BASE：

冰磚（以製冰器 12 格為基準）

○ **煉乳牛奶冰磚**（牛奶 300ml + 煉乳 50ml）
適合一般蜜豆冰或是低酸度水果類的刨冰。
牛奶和煉乳混合後冷凍，製冰所需時間比清
水結凍還長，最好盡可能降低冷凍室溫度後
再製冰。冷凍成堅硬的冰磚後，放在密封袋
中保存。

○ **抹茶牛奶冰磚**（牛奶 290ml + 綠茶粉 6g + 煉乳
50ml）
以少許牛奶將綠茶粉或抹茶沖開後，再放入剩下
的牛奶和煉乳混合均勻。綠茶粉末不容易在牛奶
中沖散，因此先過篩讓粉末能完全沖散是相當重
要的環節。若要使用砂糖取代煉乳，需要追加
25g 砂糖。綠茶粉末即使冷凍成冰也容易沉澱，
建議使用深度較淺的製冰器。

○ **優格牛奶冰磚**（牛奶 280ml + 優格 85g）
製作添加番茄等蔬果類食材的刨冰時相當搭
配。使用自製優格時，因為相較於市售優格
幾乎沒有糖分，以 12 格製冰器為基準，牛奶
和優格需要混合 15g 砂糖後再製冰。優格牛
奶冰磚會是刨冰的味覺亮點。

○ **花生牛奶冰磚**（牛奶 300ml + 花生醬 60g + 砂糖
10g）
製作花生風味冰磚時，先將 100ml 牛奶和花生醬
一起熬煮後，放入砂糖和剩下的牛奶，冷卻後再
製冰。製作時，要使用沒有顆粒的花生醬。冰牛
奶不容易與花生醬混合均勻，因此牛奶一定要先
加熱。淋上焦糖增添香甜滋味，風味更佳。

製作BASE：
自製優格

在廚房作業時間結束前製作，隔天就完成的優格，可以用來當作刨冰基底，附上配料當成代餐也很好。製作完成的優格再次倒入牛奶中，就可以製作出新優格，大約可以製作三次。製作時，必須使用塑膠或是玻璃材質的容器，乳酸菌才會活性化，順利做出優格。建議添加在想要帶出類似奶油風味或質地的飲料中。

1 在 900ml 新鮮牛奶中放入 150ml 乳酸菌飲料，混合均勻。

2 將牛奶瓶放在裝有熱水的容器中約 30 分鐘，以隔水加熱的方式提高溫度。

3 分裝放入適當的容器中，每份皆為一次用量。

4 將③放入具有保溫功能的電鍋或是預熱至 100°C 後關閉電源的烤箱中，靜置 8～12 小時。製作完成的優格確認狀態後密封，冷藏保存。

製作 **BASE**：
自製蒟蒻
果凍

喝飲料時，如果想要感受咀嚼的口感，加入果凍是個好選擇，可以帶出各種口感與風味。果凍因為本身的特性不適合熱飲，因此會添加在冷飲中當作特色食材。製作時，要先將蒟蒻粉結塊的部分打散，才能順利完成。使用各種果汁即能做出不同顏色和風味的果凍，1 包蒟蒻粉的適當果汁用量為 600ml。

1　準備 1 包蒟蒻粉（10g）。

2　依照想要的顏色和風味準備 600ml 果汁。

3　將準備好的果汁和打散的蒟蒻粉放入鍋中後開火，以小火加熱並持續攪拌。

4　沸騰後，從火源上取下鍋子，倒入模型中，放入冰箱冷卻約 30 分鐘，使其凝固。

SIGNATURE BEVERAGE
= BASE + FRUIT

以牛奶、果汁、氣泡為基底的飲料和水果搭配最
好,能在平淡的基底上增添香氣、風味和色彩。最
近除了水果之外,也持續有添加蔬菜的新嘗試。一
起來認識牛奶、氣泡飲、果汁和冰磚各自適合搭配
哪些水果吧!

○ 牛奶 + 水果

相較於使用新鮮水果，使用以砂糖浸漬的糖漬水果來混合牛奶，水果的成分、味道和香氣更能滲入牛奶中。莓果類水果、水蜜桃、蘋果都很適合，而酸性成分豐富的柑橘類水果會分離牛奶中的乳清，並不適合加入牛奶。

○ 氣泡飲 + 水果

氣泡飲很適合加入帶有柑橘類酸味的水果。柑橘水果的香氣大部分都包含在果皮中，因此在飲料中放入果皮很重要。因為要使用果皮，洗滌方面要十分注意，稍微浸泡在少許小蘇打或是天然洗滌劑的溶液中，再以流動的水沖洗後使用。

○ 果汁 + 水果

果汁基底最好加入香氣強烈的水果。大部分的果汁都有香味，所以如果放入個性不鮮明的水果，很可能會失去存在感。檸檬、柳橙、櫻桃、草莓類的水果，會比水梨或蘋果更適合加入果汁。

○ 冰磚 + 水果

相較於溫熱的飲料，水果更適合冰涼的飲料。只是冰磚放入飲料中，會讓溫度急劇下降，水果的香氣可能不容易發散，建議將水果榨成汁或是磨成泥後再使用。此外，冰磚溶化後，味道也可能會變淡，使用的基底要比一般飲料更強烈。

BASE 乳製品

COOL

穀麥脆片優格

穀麥脆片以燕麥製作而成，經常當作早餐食用，結合優格與當季
水果，就是營養均衡完美的一餐。使用燕麥片就能輕鬆製作，另
外添加水果乾或是椰子脆片也很好。

ASSEMBLE

Beverage Base
自製優格 200g （見 P152）

Sub Base
穀麥脆片 100g，堅果類 20g

Syrup
蜂蜜 30g

Garnish
櫻桃 2〜3 顆，食用花 3〜4 朵，
香草植物 1 枝

RECIPE

1　在準備好的容器中放入冷藏保存的優格。

2　將穀麥脆片放在優格上。

3　淋上蜂蜜，撒上堅果類即完成。

4　放上櫻桃、食用花和香草植物點綴③。

=========== TIP

加上乾燥無花果
很適合搭配穀麥脆片的水果之一就是無花
果，味道不會太甜，酸味也不強烈，與優
格十分搭配。將無花果乾切成小塊放上去
也很棒。

草莓優格

只要有一瓶牛奶和乳酸菌飲料就能輕鬆製作優格，若想增添優格的口感，可以放入果肉完整的糖煮草莓或者以酸甜可口的草莓果醬替代糖煮草莓加入優格中，美味的草莓優格就完成了。

ASSEMBLE

Beverage Base
自製優格 200g（見 P152）

Syrup
糖煮草莓 50g

Garnish
草莓 1 顆，百里香和薄荷少許，
食用花少許

RECIPE

1　在準備好的容器中放入 50g 糖煮草莓。

2　將冷藏保存的優格放在糖煮草莓上。

3　草莓切半後，放在上面裝飾。

4　放上香草植物和食用花當作視覺重點。

TIP

製作糖煮草莓
以 500g 小顆的草莓為基準，倒入 150g 砂糖浸漬半天左右，待砂糖全數溶化後放入鍋中，煮滾後再冷藏保存半天。取出後，將糖漿和果肉分開，將糖漿加熱熬煮至剩下一半，果肉則再次煮滾。最後將糖漿和果肉一起裝入玻璃瓶中冷藏保存。

BASE 乳製品

HOT & COOL

五穀拿鐵

回憶中的麵茶也重新誕生，取名為「五穀拿鐵」，以榛果糖漿
調味，味道變得更加豐富。冰涼的五穀拿鐵加上 1 球香草冰淇
淋，柔潤香濃的味道立刻翻倍。

ASSEMBLE

Beverage Base
牛奶 200ml

Sub Base
麵茶粉 30～40g

Liquid
COOL 冰塊 1/2 杯

Syrup
砂糖 10～15g，榛果糖漿 10ml

Garnish
COOL 香草冰淇淋 1 球
麵茶粉少許

RECIPE

1　將 10g 砂糖放入 30g 麵茶粉中，混合均勻。

2　牛奶和榛果糖漿放入鍋中，攪拌均勻後充分加熱。

3　在準備好的杯子中裝入①和 1/3 分量的②後，攪拌均勻。

4　倒入剩下的②攪拌均勻。

5　將牛奶加熱後產生的奶泡放在飲料上方即完成。

1　將 15g 砂糖放入 40g 麵茶粉中，混合均勻。

2　在牛奶中加入榛果糖漿後，攪拌均勻。

3　將 1/4 分量的②加入①中，攪拌均勻。

4　倒入剩下的②攪拌均勻。

5　將冰塊放入準備好的杯子中，倒入④。

6　放上香草冰淇淋，輕輕撒上麵茶粉即完成。

芒果牛奶

以香甜的芒果果泥提味的芒果牛奶,是製作方法簡便的瓶裝飲
料之一。使用冷凍芒果打成泥狀製作而成的芒果果泥,比使用
切塊的芒果果肉,更適合放入飲料中。含糖量為 10～20% 的果
泥務必要冷凍保存,含糖量 30～80% 的果泥則是冷藏保存。

ASSEMBLE

Beverage Base
冰牛奶 200ml

Syrup
芒果果泥 120g （見 P252）

RECIPE

1 準備容量約 300ml 的玻璃瓶。

2 瓶中若有水分殘留需徹底去除。

3 將芒果果泥放入瓶中至 1/3 高度。

4 傾斜③的瓶身,裝滿準備好的冰牛奶。

5 欣賞顏色的層次,飲用前再搖晃瓶身。

=============================== TIP

製作芒果果泥
芒果果泥使用冷凍芒果製作而成,在 200g
冷凍芒果中放入 60g 砂糖後自然解凍,砂
糖完全溶化後,放入果汁機攪拌即完成。
約可冷藏保存 1 週。

BASE 乳製品

HOT

地瓜切達拿鐵

以鹽和起司調味製作的拿鐵，就像用湯匙舀著喝的濃湯一樣。香甜的地瓜加上調味料，調製成鹹香的代餐飲品。依照個人喜好撒上肉桂粉或是巴西里也不錯，也可以使用馬鈴薯製作成馬鈴薯切達拿鐵。

ASSEMBLE

Beverage Base
牛奶 180ml

Sub Base
蒸熟的地瓜 100g

Liquid
飲用水 50ml

Syrup
鹽 1g，砂糖 8g，切達起司 1 片

Garnish
切達起司 1/2 片，肉桂棒 1 根，
肉桂粉少許

RECIPE

1 準備蒸熟的地瓜。

2 在果汁機中放入蒸熟的地瓜和牛奶後，開始運轉。

3 將②和 50ml 飲用水放入鍋中加熱。

4 沸騰後，放入鹽、砂糖、切達起司，稍微煮滾後熄火。

5 在準備好的杯子中倒入④，撒上切碎的 1/2 片切達起司。

6 以肉桂粉和肉桂棒裝飾。

TIP

放入寇比傑克（Colby Jack）起司更好吃
如果重視美味勝過製作簡便程度，就使用橘白雙色混合的寇比傑克起司來取代切達起司。放入熱騰騰的飲料中，徹底溶化的起司提升了整體風味。

焦糖爆米花奶昔

香草奶昔加上焦糖爆米花製作而成的飲品。牛奶、香草冰淇淋
和焦糖糖漿的組合十分美味,再以單吃就相當好吃的焦糖爆米
花裝飾,不僅視覺滿分,味覺也滿分,是只要品嘗過一次,就
會讓人想再喝的美味飲品。

ASSEMBLE

Beverage Base
牛奶 100ml

Sub Base
焦糖爆米花 50g

Liquid
冰塊 5 塊

Syrup
香草冰淇淋 150g
焦糖糖漿 30ml（見 P242）

Garnish
焦糖爆米花 1 勺,焦糖糖漿 10ml

RECIPE

1　在果汁機中放入牛奶、冰塊、冰淇淋後,開始運轉。

2　加入焦糖糖漿後,再運轉 5 秒。

3　將焦糖爆米花放入②中,以瞬轉功能攪打五次。

4　在準備好的杯子上半部內側沾上裝飾用的焦糖糖漿後,等待
　　焦糖液自然流下。

5　在④中倒入③,以焦糖爆米花裝飾即完成。

TIP

焦糖爆米花保存方法
焦糖爆米花容易受潮,務必使用密封容器
密封保存,並且一定要放入防潮劑。

BASE 乳製品

COOL

馬鈴薯牛奶奶昔

有些漢堡店顧客會拿薯條沾奶昔吃，雖然覺得不太協調，但是卻比想像中更讓人上癮。使用馬鈴薯製作奶昔，意外的組合讓人大感驚奇。如果覺得蒸煮馬鈴薯太麻煩，可以改用馬鈴薯泥粉。

ASSEMBLE

Beverage Base
牛奶 150ml

Sub Base
馬鈴薯 100g

Liquid
冰塊 5 顆

Syrup
香草冰淇淋 100g

Garnish
蒸熟的馬鈴薯 3～4 塊，胡椒粉少許

RECIPE

1　馬鈴薯蒸熟後冷卻備用。

2　在果汁機中放入冷卻的馬鈴薯、牛奶、冰淇淋和冰塊，攪打成細密狀。

3　在準備好的杯子中倒入②，放上 3～4 塊蒸熟的馬鈴薯。

4　撒上少許胡椒粉即完成。

TIP

想要做出香甜風味，可以追加鹽和砂糖
冰淇淋和馬鈴薯本身的糖度相當高，因此沒有另外添加砂糖。不過如果想要做出更香甜的風味，一定要再加入一小撮鹽和 10g 砂糖，這就是提出甜味的訣竅。

草莓奶油乳酪奶昔

草莓和奶油乳酪的組合風味極佳，近乎完美。這道飲品的製作
重點在於投入食材的順序，只要熟記食譜，就能製作出充分表
現所有食材風味的完美奶昔。

ASSEMBLE

Beverage Base
牛奶 120ml

Sub Base
冷凍草莓 80g，奶油乳酪 30g

Liquid
冰塊 5 顆

Syrup
香草冰淇淋 80g
巧克力碎 30g

Garnish
巧克力 10g，草莓 1 顆，
薄荷類香草植物少許

RECIPE

1 在果汁機中放入牛奶、冷凍草莓、奶油乳酪、冰塊、冰淇淋後，開始運轉。

2 上述食材全部打成細密狀後，放入巧克力碎，以瞬轉功能攪打五次。

3 在準備好的杯子中倒入②，再將巧克力切碎後鋪放於上。

4 放上切半的草莓，以香草植物裝飾。

TIP

奶油乳酪切成小塊後再放入
飲料中放入奶油乳酪，喝起來的感覺就像
在吃蛋糕。將奶油乳酪切成小塊後放入一
同攪拌，風味更佳。

BASE 氣泡飲

COOL

梅子氣泡飲

冰箱裡如果有梅子原汁，就拿來製作飲料吧！也許會擔心味道太甜，但只要調整好比例，就能做出不輸給「星○克」的美味梅子氣泡飲。梅子原汁和氣泡水的比例是 1：3，放入冰塊後請細細品味。

ASSEMBLE

Beverage Base
氣泡水 150ml

Sub Base
梅子原汁 40ml

Liquid
冰塊 1/2 杯

Syrup
萊姆汁 1/4 顆的分量

RECIPE

1 準備一個低矮且杯口寬大的冷飲杯。

2 在準備好的杯子中放入梅子原汁。

3 以冰塊將②填滿至一半高度。

4 將 1/4 顆萊姆榨汁後，放入③中。

5 倒入氣泡水即完成，飲用前務必要攪拌。

TIP

青梅和黃梅的差異
親自醃漬梅子時，要選擇梅子的種類。想要強調酸爽滋味，就選擇青梅，想要做出香甜滋味，就要準備長得像杏桃的黃梅。

沙灘氣泡飲

讓人聯想到湛藍海洋的飲料。藍柑橘糖漿混合薑黃素，打造翡翠般的深邃藍綠色彩，再以添加椰奶的鮮奶油創造出雪白波浪，適合夏季的 signature menu。

ASSEMBLE

Beverage Base
氣泡飲料 180ml

Liquid
冰塊 1/2 杯

Syrup
藍柑橘糖漿 15ml，薑黃素 1 滴

Garnish
椰奶鮮奶油 1 勺（椰奶 10ml + 發泡鮮奶油 1 勺）

RECIPE

1　將藍柑橘糖漿放入準備好的杯子中。

2　在①中放入 1 滴薑黃素，混合均勻。

3　將冰塊放入至 1/2 高度時，倒入氣泡飲料。

4　在攪拌盆中放入椰奶和發泡鮮奶油，攪拌均勻成椰奶鮮奶油。

5　將④放在③上面。

―――――――――――――― TIP
色彩繽紛的裝飾
輕輕撒上糖粉，讓人覺得像是沙灘上的白沙也不錯。用來調製基底的薑黃素，建議購買便於使用的濃縮液態型產品。

BASE 氣泡飲

COOL

櫻桃可樂

每年五月是美味又新鮮的櫻桃進口時節，也是最適合櫻桃飲料的季節。櫻桃風味茶放在可樂中冷泡，創作出充滿櫻桃香氣的櫻桃可樂，再將裝滿冰塊的櫻桃可樂放上滿滿的新鮮櫻桃，可口的冰飲就完成了。

ASSEMBLE

Beverage Base
可樂 500ml

Sub Base
櫻桃花草茶包 2 包

Liquid
冰塊 1 杯

Garnish
櫻桃 10 顆

RECIPE

1 在 500ml 的可樂瓶中放入 2 包櫻桃花草茶包。

2 剪斷連結茶包的棉線，確實拴緊瓶蓋。

3 將②放入冰箱冷泡 12 小時。

4 以冰塊填滿準備好的杯子後，倒入③。

5 將 10 顆櫻桃放在飲料上方即完成。

TIP

氣泡飲料冷泡時，要倒過來放置

使用氣泡飲料當作冷泡基底時，要注意維持氣泡。瓶蓋拴緊後倒過來放置，冷泡過程中，氣泡逸散程度較小。

哈密瓜蘇打

氣泡飲料加入少許糖漿，就成了與眾不同的飲品。鮮綠色的哈密瓜糖漿為氣泡飲料賦予色彩，再以冰淇淋增添柔和滋味，就完成一杯味覺和視覺出眾的飲料。最後插上鮮紅櫻桃，作為飲品的視覺重點。

ASSEMBLE

Beverage Base
氣泡飲料 180ml

Sub Base
哈密瓜糖漿 20ml

Liquid
冰塊 1 杯

Syrup
香草冰淇淋 1 球

Garnish
有枝糖漬櫻桃 1 顆

RECIPE

1 將哈密瓜糖漿倒入氣泡飲料中，混合均勻。

2 以冰塊填滿準備好的杯子，將①倒入杯子至八分滿的高度。

3 將香草冰淇淋放在飲料上方。

4 在冰淇淋上面放上櫻桃。

──────────────── TIP

使用韓國產的哈密瓜糖漿
市售哈密瓜糖漿來自各個國家，建議購買韓國產的哈密瓜糖漿。選擇哈密瓜含量20% 以上的產品，才能感受到濃郁的哈密瓜風味和香氣。

BASE 氣泡飲

COOL

薑汁汽水

當你厭倦檸檬氣泡飲或是想要創造飲用調酒的氛圍時，不妨品嘗
這款飲品。使用自製檸檬糖漿和生薑糖漿製作的飲料，因為添加
兩種糖漿，最好選擇沒有糖分的氣泡水。若不得已要使用氣泡飲
料調製，則改以檸檬汁取代檸檬糖漿。

ASSEMBLE

Beverage Base
氣泡水 180ml

Sub Base
肉桂棒 1 根
生薑糖漿 20ml （見 P249）
檸檬糖漿 30ml （見 P248）

Liquid
冰塊 2/3 杯

Garnish
檸檬角 1 塊

RECIPE

1 在準備好的杯子中倒入生薑糖漿。

2 放入檸檬糖漿，和生薑糖漿一起攪拌均勻。

3 將肉桂棒放置在②中 30 分鐘以上，讓香氣充分滲透出來。

4 將冰塊放入③後，倒入氣泡水。

5 以檸檬角裝飾。

===================================== TIP

追加肉桂粉，香氣更濃郁
如果想要更濃郁的肉桂香氣，可以在作法 3
放入一小撮肉桂粉。想要香甜風味就選擇
肉桂，想要辛辣風味就選用桂皮。

果凍蘇打

世界上有特別喜歡果凍的人，無論年紀大小，熱愛果凍的人數
比想像中還要多。自己製作最近流行的蒟蒻果凍放入氣泡飲料
中，不斷湧出的氣泡與充滿口感的果凍，會帶來口中的歡愉。

ASSEMBLE

Beverage Base
氣泡飲料 150ml

Sub Base
葡萄口味蒟蒻果凍 50g （見 P153）

Liquid
冰塊 1 杯

Syrup
葡萄柚茉莉花基底 20ml

Garnish
葡萄柚切片 1/4 片

RECIPE

1　將葡萄口味的蒟蒻果凍切成適當大小備用。

2　在準備好的杯子中放入葡萄柚茉莉花基底。

3　切好的果凍放入②中，攪拌均勻。

4　填滿冰塊後，倒入氣泡飲料。

5　放入葡萄柚片裝飾即完成。

TIP

使用 185ml 包裝的氣泡飲料
製作飲料時，與其選擇大容量包裝的氣泡
飲料，建議使用小容量的產品，小容量產
品的氣泡含量會比大容量產品多。

BASE 氣泡飲

COOL

桑格莉亞氣泡飲

將夏季飲用的葡萄酒飲料「桑格莉亞」製作成無酒精版本，會比
使用葡萄酒作為基底的桑格莉亞更好喝，製作時不需要另外購買
水果，使用冰箱內既有的水果就相當足夠。

ASSEMBLE

Beverage Base
氣泡飲料 180ml

Sub Base
青葡萄茉莉花基底 20ml
水果切片 2～3 片

Liquid
冰塊 1 杯

Garnish
百里香 1 枝

RECIPE

1. 將手邊的水果切成厚約 2mm 薄片。

2. 在大碗中放入切片的水果和青葡萄茉莉花基底，浸漬 20 分鐘。

3. 將②放入準備好的杯子中，倒入氣泡飲料，以保鮮膜封住杯口讓氣泡不會流失，水果香氣也能滲入氣泡飲料中。

4. 放入冰箱冷藏冰鎮 10 分鐘後，放入香草植物和冰塊即完成。

─────── TIP

柑橘類水果需連皮使用
柳橙或萊姆等有果皮的水果，其濃郁的香
氣大多保存在果皮中，因此，要連皮一起
切片使用。保存草莓香氣的方法則是不要
用水清洗太久。

柑橘繁花

柳橙汁添加玫瑰糖漿創作的飲料,新鮮迷迭香是香氣的來源。
若覺得柳橙汁太過稀鬆平常,就運用糖漿來提升飲品的香氣和
色彩。另外,使用含有果肉的柳橙汁,口感效果更佳。

ASSEMBLE

Beverage Base
柳橙汁 200ml

Sub Base
迷迭香 2g,熱水 20ml

Liquid
冰塊 1/2 杯

Syrup
玫瑰糖漿 20ml〔見 P246〕

Garnish
柳橙切片 1 片,食用花 1 朵,
迷迭香 1 枝

RECIPE

1　在 2g 迷迭香上倒入 20ml 熱水,浸泡 10 分鐘。

2　將柳橙汁倒入①中,攪拌均勻浸泡 5 分鐘。

3　將冰塊放入準備好的杯子中。

4　透過濾網過濾,將②倒入裝有冰塊的杯子中。

5　放入 20ml 玫瑰糖漿,以柳橙切片、食用花和香草植物裝飾。

——————— TIP

柑橘類水果切角,冷凍保存使用
柑橘類水果預先切好會生出水分,容易腐
壞,因此稍微吸乾表面水分後,放入密封
袋或是密封容器中冷凍保存,要使用時再
一一取出。

BASE 果汁

COOL

電解質檸檬飲

電解質飲料添加檸檬草和檸檬調製而成的飲料，在容易流汗的夏季或是運動後喝下，有助於即時補充體內水分。若要製作冷泡茶，則在保冰杯中放入檸檬汁、檸檬切片、檸檬草、花草茶包和電解質飲料，放入冰箱冷泡 12 小時後飲用。

ASSEMBLE

Beverage Base
電解質飲料 200ml

Sub Base
檸檬草茶 2g，熱水 50ml

Liquid
冰塊 1 杯

Syrup
檸檬切片 2 片，檸檬汁 20ml

Garnish
百里香 1 枝

RECIPE

1　在 2g 檸檬草茶上倒入 50ml 熱水，浸泡 10 分鐘。

2　將 2 片檸檬片放入準備好的杯子中。

3　在②中放入檸檬汁，壓榨底部的檸檬片，混合均勻。

4　將浸泡完成的檸檬草茶倒入③中，混合均勻。

5　填滿冰塊並倒入電解質飲料。

6　搖晃均勻後放入百里香。

===================== TIP

也可以使用稀鹽水取代電解質飲料
如果覺得電解質飲料喝起來有點負擔，可以改為 100ml 礦泉水加上 1g 食鹽，再使用相同的方法調製飲料，有助於解除口渴。

翡翠蘋果飲

讓人聯想到碧綠海水的飲料。蘋果汁加上檸檬香蜂草冷泡，替原
本稍嫌單調的蘋果味增添風味，調入藍柑橘糖漿則帶出美麗的色
彩。蘋果汁的蘋果含量 30～40% 時，和其他食材的平衡最佳。

ASSEMBLE

Beverage Base
蘋果汁 180ml

Sub Base
新鮮檸檬香蜂草 3g

Liquid
冰塊 1/2 杯

Syrup
藍柑橘糖漿 8ml

Garnish
檸檬香蜂草 1 枝

RECIPE

1 蘋果汁冰鎮備用。

2 將藍柑橘糖漿倒入①中，攪拌均勻。

3 新鮮檸檬香蜂草稍微擠壓後放入②中，放入冰箱冷泡 20～30
分鐘。

4 將冰塊放入準備好的杯子，透過濾網過濾，倒入冷泡完成的
飲料。

5 放入檸檬香蜂草裝飾。

TIP

香草植物裝入保鮮袋中冷藏保存
購買的香草植物要裝入保鮮袋冷藏保存。
溫度太低，香草植物會結凍，因此要放在
冰箱中央保存。

BASE 果汁

HOT & COOL

香料葡萄飲

每到冬天總是特別想要喝香料熱紅酒暖暖身,因此將這款飲品改
為無酒精成分版本,讓全家大小都能享用。只要將香料包放入葡
萄汁裡熬煮,溫熱飲用的果汁比想像中更富有魅力,而香料包只
要購買香辛料分裝即可,使用上相當便利。

ASSEMBLE

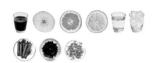

Beverage Base
葡萄汁 400ml

Sub Base
香料包 1 包,水果切片 80g

Liquid
水 200ml COOL 冰塊 1 杯

Garnish
肉桂棒、丁香、八角各 1〜2 個
香草植物 1 枝

RECIPE

1 在鍋中放入 200ml 清水煮沸後,倒入葡萄汁一起熬煮。

2 等①沸騰後,放入香料包,以小火再煮 5 分鐘。

3 將水果切片放入②中,連同香料包一起冷藏保存。

4 溫杯。預先準備杯子裝入熱水再倒出,或是使用微波爐加熱
30 秒。

5 取出製作完成的飲料充分加熱後,倒入預熱的杯子中,以香
辛料和香草植物裝飾。

1 在鍋中放入 200ml 清水煮沸後,倒入葡萄汁一起熬煮。

2 等①沸騰後,放入香料包,以小火再煮 5 分鐘。

3 將水果切片放入②中,連同香料包一起冷藏保存。

4 以冰塊填滿準備好的杯子,倒入 150ml 的飲料。

5 以香辛料和香草植物裝飾。

=== TIP

製作香料包
取一個棉袋,放入 10cm 肉桂棒 1 節、丁香
8 粒、八角 1 個、小荳蔻 2 個,即為香料
包。以 750ml 紅酒為基準,放入 2 個香料
包熬煮,就能享受香料熱紅酒的滋味。

伯爵松林

濃郁的伯爵紅茶加上散發松樹清香的飲料，帶來清涼感。迷迭
香擠壓後放入飲料中，讓松樹香氣變得更加清新。適合在覺得
頭腦昏沉、思緒複雜的日子飲用，用以喚醒注意力。

ASSEMBLE

Beverage Base
松芽飲料 150ml

Sub Base
伯爵紅茶包 1 包
熱水 100～250ml

Liquid
COOL 冰塊 1 杯

Syrup
迷迭香 1 枝

Garnish
迷迭香少許

RECIPE

1　在 250ml 的熱水（90℃）中放入伯爵紅茶包，浸泡 1 分 30 秒。

2　松芽飲料放入微波爐加熱 30 秒。

3　將 1 枝迷迭香放入②中，使用湯匙往下戳，擠壓迷迭香。

4　溫杯。預先準備杯子裝入熱水再倒出，或是使用微波爐加熱
　　30 秒。

5　在預熱的杯子中倒入③，再將浸泡完成的伯爵紅茶去除茶包
　　後倒入。

6　以新鮮迷迭香裝飾，增添清涼感。

1　在 100ml 的熱水（90℃）中放入伯爵紅茶包，浸泡 1 分 30 秒。

2　松芽飲料冰鎮備用。

3　將 1 枝迷迭香放入準備好的杯子中，使用湯匙往下戳，擠壓
　　迷迭香。

4　以冰塊填滿③，倒入冰鎮的松芽飲料。

5　再將冷卻後的伯爵紅茶連同茶包一起倒入杯子中。

BASE 果汁

COOL

百香椰果汁

含有椰果的飲料，加上清爽的檸檬香蜂草和酸甜百香果，調製成
獨特的飲料。檸檬香蜂草帶來的味道和香氣與眾不同，很輕鬆就
能製作出宛如熱帶風景展現在眼前的異國飲料。

ASSEMBLE

Beverage Base
椰果飲料 150ml

Sub Base
檸檬香蜂草茶葉 2g，熱水 50ml

Liquid
冰塊 1 杯

Syrup
糖漬百香果 40g（見 P253）

Garnish
檸檬香蜂草 1 枝

RECIPE

1 在 50ml 的熱水（90℃）中放入 2g 檸檬香蜂草茶葉，浸泡 10 分鐘。

2 將糖漬百香果放入準備好的杯子中。

3 在②中倒入浸泡完成的檸檬香蜂草茶，再以冰塊填滿杯子。

4 倒入椰果飲料，以檸檬香蜂草裝飾。

──── TIP

椰果飲料搖晃均勻後再使用
椰果飲料使用前要充分搖晃，才能均勻倒
出飲料中的椰果。這是一款沒有氣泡的飲
料，男女老少都能輕鬆享用。

BASE 果汁

COOL

綜合莓果汁

如果要選出最簡單又最美味的夏季飲料，非綜合莓果汁莫屬。
方便購買的綜合莓果以砂糖浸漬後，調合檸檬水，再以香草植
物裝飾，其風味一舉擊破「沒有既美味又漂亮的飲料」這個公
式。

ASSEMBLE

Beverage Base
飲用水 200ml，檸檬汁 15ml

Sub Base
葡萄柚茉莉花基底 20ml

Liquid
冰塊 1/2 杯

Syrup
糖漬綜合莓果 40g （見 P251）

Garnish
薄荷類香草植物 1 枝

RECIPE

1 在 200ml 的飲用水中放入 15ml 檸檬汁。

2 將糖漬綜合莓果和葡萄柚茉莉花基底混合均勻。

3 在②中倒入①的檸檬水後，混合均勻。

4 在準備好的杯子中倒入③，剩下的空間以冰塊填滿。

5 將沉澱在底部的莓果往上攪拌到冰塊上方，再以薄荷裝飾。

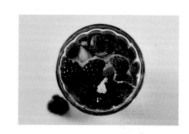

──────── TIP

製作糖漬綜合莓果
購入冷凍綜合莓果後，製作成糖漬綜合莓
果。取 200g 綜合莓果加上 120g 砂糖、
20ml 檸檬汁，混合均勻即可。

BASE 冰品

ICE FLAKES

櫻桃煉乳牛奶刨冰

煉乳牛奶冰磚刨成細密刨冰後，搭配香甜的糖漬櫻桃一起享用，而追加的煉乳能提升甜美滋味。使用處理過的冷凍無籽櫻桃，或以櫻桃罐頭取代新鮮櫻桃也很好。

ASSEMBLE

Beverage Base
煉乳牛奶冰磚 200g（見 P151）

Sub Base
新鮮櫻桃 100g

Syrup
香草冰淇淋 1 球，煉乳 30ml

Garnish
糖漬櫻桃 100g，食用花少許

RECIPE

1　準備好的容器放入冰箱冷凍 10 分鐘，冰鎮備用。

2　新鮮櫻桃對半切開，去籽備用。

3　將 200g 煉乳牛奶冰磚放入刨冰機，準備好的容器放在下方盛裝刨冰。

4　在刨冰堆疊的過程中，穿插放入糖漬櫻桃。

5　冰磚全數刨成刨冰後，將新鮮櫻桃滿滿鋪放在刨冰表面，直到看不見刨冰為止。

6　再放上香草冰淇淋，淋上煉乳後，以食用花裝飾。

─────────────────── TIP

活用各類莓果製作刨冰
製作櫻桃煉乳牛奶刨冰的方法，也適用於各種莓果類刨冰的製作，不妨試著使用藍莓、覆盆子、桑椹等水果取代櫻桃。

紅寶石葡萄柚刨冰

去除葡萄柚的內膜,只取出果肉使用,香甜又帶點微苦的葡萄
柚刨冰就完成了 90%,再透過甜蜜的煉乳降低葡萄柚的苦味,
即能享受葡萄柚自然的滋味。若想要搭配蜜紅豆一起享用,不
要直接放在刨冰上方,而是另外盛裝在小碗中一起附上。

ASSEMBLE

Beverage Base
煉乳牛奶冰磚 200g （見 P151）

Syrup
煉乳 30ml
糖漬葡萄柚 100g （見 P251）

Garnish
葡萄柚果肉 4 塊
薄荷類香草植物少許

RECIPE

1 準備好的容器放入冰箱冷凍 10 分鐘,冰鎮備用。

2 將 200g 煉乳牛奶冰磚放入刨冰機,準備好的容器放在下方盛
裝刨冰。

3 在刨冰堆疊到一半時,疊上 50g 糖漬葡萄柚。

4 將剩下的冰磚全數刨成刨冰後,取新鮮葡萄柚果肉放在上面。

5 剩下的 50g 糖漬葡萄柚放在④上面,並淋上煉乳。

6 放上薄荷點綴即完成。

TIP

使用紅寶石葡萄柚,視覺效果更佳
使用散發紅色光芒的紅寶石葡萄柚,視覺
會更加顯眼。再以香草植物或是食用花裝
飾,賦予視覺重點。

BASE 冰品

ICE FLAKES

花生牛奶焦糖刨冰

花生特有的醇厚香氣，讓男女老幼都喜歡這道冰品。刨冰、香草冰淇淋、花生碎三種不同口感的食材味道，透過焦糖糖漿取得平衡。也可以使用各種綜合堅果來製作刨冰。

ASSEMBLE

Beverage Base
花生牛奶冰磚 200g （見 P151）

Syrup
焦糖糖漿 40ml （見 P242）
香草冰淇淋 1 球

Garnish
花生碎 70g

RECIPE

1 準備適當大小的玻璃杯，放入冰箱冷凍一段時間，冰鎮備用。

2 將 200g 花生牛奶冰磚放入刨冰機，準備好的玻璃杯放在下方盛裝刨冰。

3 在刨冰堆疊到一半時，放上 20ml 焦糖糖漿和 30g 花生碎。

4 將剩下的冰磚全數刨成刨冰，疊在上面。

5 在④上面淋上 20ml 焦糖糖漿，並放上香草冰淇淋。

6 將剩下的花生碎撒在香草冰淇淋上面。

─────── TIP
活用具有雪花冰功能的刨冰機
最近市面上出現能夠刨出雪花冰的家庭用刨冰機，可以嘗試透過口感獨特的雪花冰，來感受不同口感的刨冰。

薄荷芒果刨冰

以煉乳牛奶冰磚為基底，結合香甜柔軟的芒果與新鮮薄荷製作
而成的冰品，薄荷葉的清涼感使芒果刨冰在視覺上更加耀眼。

ASSEMBLE

Beverage Base
煉乳牛奶冰磚 200g （見 P151）

Sub Base
芒果 80g

Syrup
芒果糖漿 50ml （見 P244）

Garnish
薄荷類香草植物 10g

RECIPE

1　選擇透明容器放入冰箱冷凍 10 分鐘，冰鎮備用。

2　芒果切成適合入口的大小備用。

3　在冰鎮的容器中放入 30ml 芒果糖漿。

4　將 200g 煉乳牛奶冰磚放入刨冰機，以③盛裝刨冰。

5　將冰磚全數刨成刨冰堆疊完成後，放上②的芒果和 10g 薄荷。

6　均勻淋上剩下的 20ml 芒果糖漿。

TIP

刨冰要搭配愛文芒果
使用於刨冰的芒果，建議選用愛文芒果，
會比一般芒果的香氣更為濃郁。如果因為
其他考量要使用市售冷凍果，建議挑選
切成骰子狀的產品，使用前在室溫下靜置
10 分鐘，口感會更好。

BASE 冰品

ICE FLAKES

抹茶刨冰

想要做出綠茶冰淇淋風味的抹茶刨冰，就要果決捨棄蜜紅豆，使用煉乳加上抹茶，做出更加濃郁的抹茶刨冰。相較於日本產宇治抹茶，選擇韓國產有機抹茶粉，更能製作出風味更佳的抹茶刨冰。

ASSEMBLE

Beverage Base
抹茶牛奶冰磚 200g （見 P151）

Sub Base
抹茶 10g

Syrup
抹茶煉乳 30ml

RECIPE

1　準備好的容器放入冰箱冷凍 10 分鐘，冰鎮備用。

2　將 200g 抹茶牛奶冰磚放入刨冰機，準備好的容器放在下方盛裝刨冰。

3　在刨冰堆疊至一半時，均勻撒上 5g 抹茶和 20ml 抹茶煉乳。

4　將剩下的冰磚全數刨成刨冰，疊在上面。

5　在完成的刨冰上方撒上 5g 抹茶粉。

6　剩下的 10ml 抹茶煉乳裝在小容器中，附在抹茶刨冰旁。

─────────── **TIP**

製作抹茶煉乳
煉乳放入少許抹茶，混合均勻就成了抹茶煉乳，附在抹茶風味的冰品旁，就是出色的糖漿。以抹茶煉乳 100g 為基準，在 95g 的煉乳中混合 5g 抹茶。

番茄優格牛奶刨冰

還記得第一次品嘗到番茄義式冰淇淋時的震憾，令人頓時雙眼
睜大，為之驚豔。原本只是半信半疑吃下的口味，卻發現這酸
酸甜甜的番茄和冰品實在是太過 match，雖然這樣的組合並不
常見，偶爾還是會看到附上番茄的冰品。請嘗試使用番茄，輕
鬆製作冰品吧！

ASSEMBLE

Beverage Base
優格牛奶冰磚 200g 〔見 P151〕

Sub Base
小番茄 7～10 顆

Syrup
番茄糖漿 100ml 〔見 P243〕

Garnish
小番茄 5 顆
薄荷類香草植物或羅勒少許

RECIPE

1　準備好的容器放入冰箱冷凍 10 分鐘，冰鎮備用。

2　小番茄對半切開備用。

3　將 200g 優格牛奶冰磚放入刨冰機，準備好的容器放在下方盛
　　裝刨冰。

4　在刨冰堆疊的過程中，穿插放入②的小番茄。

5　將冰磚全數刨成刨冰後，均勻淋上番茄糖漿。

6　以小番茄和香草植物裝飾。

TIP

活用番茄糖漿
番茄糖漿是先將番茄以砂糖浸漬後煮滾，
再放入檸檬汁調製而成。除了使用於刨
冰，也可以當作蔬果汁的糖漿，活用度相
當高。番茄經過加熱製作後，有助於其消
化吸收。

BASE 冰品

ICE FLAKES

盆栽刨冰

忘了是什麼時候，曾經在旅遊景點見到盆栽造型的蛋糕，用湯匙將看似泥土的食材挖起來吃，無論是大人還是小孩都很喜歡這種食趣。將此概念運用在刨冰上，使用餅乾做成的泥土覆蓋住刨冰，再栽種各種植物當裝飾，就成了視覺和味覺都最棒的冰品。

ASSEMBLE

Beverage Base
煉乳牛奶冰磚 200g （見 P151）

Sub Base
OREO 餅乾 50g

Garnish
蚯蚓造型軟糖 4 條
迷迭香和食用花少許

RECIPE

1　準備好的容器放入冰箱冷凍 10 分鐘，冰鎮備用。

2　將 OREO 餅乾分成兩半，去除夾餡中的白色奶油後，放入保鮮袋壓碎成粉末。

3　將 200g 煉乳牛奶冰磚放入刨冰機，準備好的容器放在下方盛裝刨冰。

4　冰磚全數刨成刨冰後，將②的黑色餅乾粉末滿滿撒在刨冰上面。

5　放上蚯蚓造型軟糖，以迷迭香和食用花裝飾，呈現出盆栽的感覺。

TIP

可以按照喜好選擇餅乾
也可以按照個人喜好選擇 OREO 餅乾以外的其他餅乾，不過壓碎成粉末後，顏色和質感類似泥土的餅乾會較合適。

檸檬草莓刨冰

放上滿滿新鮮草莓的刨冰，不只是色彩亮眼，食材本身的味道
也很棒，是一款無論任何人都能輕鬆嘗試製作的冰品。若再以
簡單的糖煮水果裝飾，就能創造專屬於自己的 signature menu。
製作糖煮水果時，在檸檬汁中放入多種莓果類烹煮，可提升味
覺的層次感。

ASSEMBLE

Beverage Base
優格牛奶冰磚 200g（見 P151）

Sub Base
草莓 150g

Syrup
檸檬糖漿 70ml（見 P248）

Garnish
百里香 1 枝

RECIPE

1 準備好的容器放入冰箱冷凍 10 分鐘，冰鎮備用。

2 草莓全數切成薄片備用。

3 將 200g 優格牛奶冰磚放入刨冰機，準備好的容器放在下方盛
裝刨冰。

4 在刨冰堆疊至一半時，均勻淋上 40ml 檸檬糖漿。

5 剩下的冰磚全數刨成刨冰後，放上②滿滿的草莓，再放上百
里香裝飾。

6 剩下的 30ml 檸檬糖漿裝入小瓶子中，附在旁邊一起上桌。

TIP

不喜歡酸味，可以改用煉乳當糖漿
如果不喜歡檸檬的酸味，可以改用煉乳取
代檸檬糖漿。使用煉乳當作糖漿時，刨冰
基底要改用煉乳牛奶冰磚。

FLAVOR

活用紅茶或綠茶所製成的點心正在增加。茶葉混入麵粉中，
或是調合白巧克力或鮮奶油等，使用度大增，
而且也因此使高級又自然的香氣逐漸變多。

COLOR

逐漸不排斥使用來自於大自然的天然色素所做出的顏色。
利用奶油燒焦取得褐色，或是熬煮砂糖用以增添光澤或得到深色效果。
除了粉紅色的玫瑰或是洛神花，更從菠菜、
羽衣甘藍、胡蘿蔔、甜菜等蔬菜食材中獲取色彩，提升分量感。

TASTE

可以一口吃下的迷你點心正在流行。
尺寸雖然小巧，但是可以在口中品嘗到食材豐富的滋味。
猶如英式茶點三明治般的輕薄無負擔，
或如同司康豐富卻不會破壞飲料風味的點心，相當受歡迎。

DESSERT

最近出現許多點心咖啡店。
相較於龐大複雜的點心，搭配咖啡或飲料一起享用，
也不會破壞飲品魅力的單品更受歡迎。
點心即使色彩繽紛，也要消除消費者食用上的心理負擔。
小確幸的時代裡，點心就是能夠明確感受到微小又確實的幸福代表。

BASE 三明治

小黃瓜奶油乳酪三明治

英國女王喝下午茶時，一定少不了的英國午茶點心，置放在三
層下午茶架最下端。麵包之間抹上奶油乳酪，放上削成薄片的
小黃瓜，以鹽和胡椒粉調味，就成了簡單爽口的三明治。

ASSEMBLE

Bread
吐司 2 片

Fillings
小黃瓜 1/2 條

Sauce
奶油乳酪 20g
奶油或美乃滋 3g

Topping
鹽、胡椒粉各一小撮

RECIPE

1 小黃瓜以削皮刀削成薄片，以廚房紙巾吸除水分。

2 在 2 片吐司上，塗抹薄薄一層奶油或美乃滋。

3 在②上各自抹上 1～2mm 厚度的奶油乳酪。

4 取其中 1 片吐司，鋪放小黃瓜片，撒上少許鹽和胡椒粉。

5 再覆蓋上另 1 片吐司，並以刀子切除吐司邊。

6 最後切成適合食用的大小。

―――――――――――― TIP

硬脆的青色小黃瓜最適合
三明治內餡用的小黃瓜，選擇青色小黃瓜
最適合。青色小黃瓜硬脆的部分比白色小
黃瓜多，做成三明治的口感更好。

火腿起司煉乳三明治

最近的超人氣三明治，就是在火腿和起司之間添加煉乳，突顯
「甜鹹」魅力的台式三明治。這款三明治幾乎不會產生水分，
就算放置一段時間後還是可以維持風味。

ASSEMBLE

Bread
吐司 2 片

Fillings
三明治火腿 1 片，切達起司 1 片

Sauce
煉乳 20g，奶油或美乃滋 3g

Topping
鹽一小撮

RECIPE

1　在 2 片吐司上，塗抹薄薄一層奶油或美乃滋。

2　將煉乳塗抹在三明治火腿和切達起司上。

3　取①其中 1 片吐司，鋪放上②，再撒上一小撮鹽。

4　覆蓋上另 1 片吐司，並以刀子切除吐司邊。

5　最後切成適合食用的大小。

=== TIP

可以隨個人喜好追加蛋皮
如果想要當成早餐飽餐一頓，可以追加一
張煎得薄薄的蛋皮。火腿、起司和雞蛋是
最棒的組合。

煙燻鮭魚三明治

雞肉蔓越莓三明治

酪梨鮮蝦三明治

BASE 三明治

煙燻鮭魚三明治

突顯獨特煙燻香味的煙燻鮭魚不需要另外煮熟，即可直接用來
當作沙拉和三明治的食材。推薦煙燻鮭魚搭配芝麻菜、櫻桃蘿
蔔和適量奶油乳酪的組合，只要再以少許香草植物或是胡椒粉
調味，就會讓三明治更加美味。

ASSEMBLE

Bread
法國麵包切片 2 片

Fillings
煙燻鮭魚薄片 2 片

Sauce
酸豆奶油乳酪抹醬 20g
奶油或美乃滋 3g

Topping
寶貝芝麻菜 8～10 片，櫻桃蘿蔔
1 顆，蒔蘿（dill）、胡椒粉適量

RECIPE

1　使用冷凍鮭魚時，先放在冰箱冷藏半天左右，使鮭魚充分解
　　凍。

2　櫻桃蘿蔔切成厚約 1mm 的薄片。

3　在每片法國麵包上，塗抹薄薄一層美乃滋或奶油。

4　將寶貝芝麻菜和煙燻鮭魚薄片放在③上面。

5　在兩份麵包上，各自放上 1 大匙酸豆奶油乳酪抹醬，以櫻桃
　　蘿蔔薄片和蒔蘿裝飾。

6　撒上胡椒粉即完成。

─────────────── TIP

酸豆奶油乳酪抹醬　分量：180g
〔食材〕奶油乳酪 150g，酸豆 20g，煉乳
10g，巴西里粉 2g，胡椒粉 1g
奶油乳酪放在室溫下軟化，酸豆放在廚房紙
巾上吸除水分後切碎。將前述兩種食材加入
巴西里粉、胡椒粉一起攪拌均勻，再混合煉
乳後，裝進密封容器中冷藏保存。

酪梨鮮蝦三明治

酪梨又稱為樹林中的奶油,以酪梨為主要食材製作的三明治,最近成
為 café 最受歡迎的餐點。酪梨和鮮蝦混合做成抹醬,活用在英式茶點
三明治或是開放式三明治中,帶出深邃的風味。

ASSEMBLE

Bread
法國麵包切片 2 片

Fillings
酪梨 1/2 顆

Sauce
酪梨鮮蝦抹醬 20g
奶油或美乃滋 3 g

Topping
食用花、薄荷類香草植物適量

RECIPE

1　酪梨對半切開,去籽去皮後切成薄片。

2　在每片法國麵包上,塗抹薄薄一層美乃滋或奶油,放上酪梨
　　薄片。

3　在②上各自放上 1 大匙酪梨鮮蝦抹醬。

4　以食用花和薄荷類香草植物裝飾。

TIP

酪梨鮮蝦抹醬　分量:300g

[食材] 酪梨果肉 200g,蝦仁 80g,檸檬皮 3g,檸
檬汁、第戎芥末醬各 5g,食鹽 4g,胡椒粉 1g
蝦仁汆燙後冷卻,放入檸檬皮,切成紅豆大小
的顆粒。酪梨果肉壓碎至八分碎的程度後放入
檸檬汁,再放入切碎的蝦仁。剩下的食材全數
放入,混合均勻後放入密封容器,以保鮮膜緊
密包覆封口後冷藏保存。

BASE 三明治

雞肉蔓越莓三明治

以雞胸肉做成抹醬，放在法國麵包上的三明治。雞胸肉可以使用水煮或是煙燻雞胸肉，以罐頭替代也可以。添加在抹醬中的蔓越莓需要前置處理，以流動的水洗淨後蒸煮 20 分鐘，再以蜂蜜攪拌，冷藏保存後再使用。

ASSEMBLE

Bread
法國麵包切片 2 片

Fillings
寶貝沙拉菜 15～20 片

Sauce
雞肉蔓越莓抹醬 30g
奶油或美乃滋 3g

Topping
蔓越莓乾 5 粒，胡椒粉一小撮

1　在每片法國麵包上，塗抹薄薄一層美乃滋或奶油。

2　在麵包上面放上寶貝沙拉菜。

3　在②上各自放上 1 大匙雞肉蔓越莓抹醬，以蔓越莓乾裝飾。

4　最後撒上胡椒粉即完成。

=============================== TIP

雞肉蔓越莓抹醬　分量：300g
[食材] 雞胸肉 200g，前置處理過的蔓越莓 70g，美乃滋 10g，第戎芥末醬 5g，巴西里粉 2g，鹽 3g，胡椒粉 1g
雞胸肉煮熟後切成適當大小，蔓越莓進行前置處理。將所有食材放入果汁機中，攪拌至約八分均勻的狀態，放入密封容器，以保鮮膜緊密包覆封口後冷藏保存。

BASE 司康

伯爵茶司康／抹茶巧克力脆片司康

充滿佛手柑香氣的伯爵茶司康製作完成後，置放到隔日就成了奶油香
與伯爵茶香融合，味道更柔順、口感又扎實的司康。而抹茶裡放入滿
滿巧克力脆片的抹茶巧克力脆片司康，製作重點在於做出不會太甜也
不苦澀的味道。

ASSEMBLE

伯爵茶司康

Base Dough
低筋麵粉 360g，泡打粉 16g，
砂糖 40g，鹽 2g，奶油 130g，
雞蛋 2 顆，鮮奶油 120g

Point Ingredient
伯爵茶葉 10g

Topping
牛奶或鮮奶油或蛋液少許

抹茶巧克力脆片司康

Base Dough
低筋麵粉 360g，泡打粉 14g，
砂糖 45g，鹽 2g，奶油 140g，
雞蛋 2 顆，鮮奶油 150g

Point Ingredient
抹茶粉 30g，巧克力脆片 120g

Topping
牛奶或鮮奶油或蛋液少許

RECIPE

1 在低筋麵粉中加入伯爵茶葉、過篩的泡打粉、砂糖和鹽後，
混合均勻（抹茶巧克力脆片司康則是以抹茶粉取代伯爵茶
葉）。

2 奶油切成骰子大小後放入①中，以刮刀切細（抹茶巧克力脆
片司康則是在這個階段同時加入巧克力脆片）。

3 雞蛋與鮮奶油混合均勻後，分三次加入②中，以刮刀切拌。

4 麵團變成奶酥狀後，調整形狀成正方形，對半切開後重疊，
重複前述動作兩次。

5 放在冰箱中冷藏 30 分～2 小時醒麵，取出。

6 將麵團均分為 16 等分後，放在烤盤上，在麵團表面刷上牛
奶、鮮奶油或是蛋液。

7 放入以 180°C 預熱的烤箱中，烤 15～18 分鐘。

原味司康／葡萄乾司康

製作司康的方法很簡單，在粉類食材中加入重點食材迅速攪拌，美味的司康就完成了。另外，添加葡萄乾的司康，須遵照葡萄乾的前置處理過程，否則口感就會天差地別。其處理方式為葡萄乾蒸煮 20 分鐘後，放入蘭姆酒中攪拌，讓葡萄乾變得溼潤、柔軟後再使用。

ASSEMBLE

原味司康

Base Dough
低筋麵粉 360g，泡打粉 14g，
砂糖 40g，鹽 2g，奶油 120g，
雞蛋 2 顆，鮮奶油 110g

Topping
牛奶或鮮奶油或蛋液少許

葡萄乾司康

Base Dough
低筋麵粉 360g，泡打粉 16g，
砂糖 30g，鹽 2g，奶油 140g，
雞蛋 2 顆，鮮奶油 110g

Point Ingredient
前置處理過的葡萄乾 100g

Topping
牛奶或鮮奶油或蛋液少許

RECIPE

1 在低筋麵粉中加入過篩的泡打粉、砂糖和鹽後，混合均勻。

2 奶油切成骰子大小後，放入①中，以刮刀切細。

3 雞蛋與鮮奶油混合均勻後，分三次加入②中，以刮刀切拌（葡萄乾司康則是在這個階段同時加入前置處理過的葡萄乾）。

4 麵團變成奶酥狀後，調整形狀成正方形，對半切開後重疊，重複前述動作兩次。

5 放在冰箱中冷藏 30 分～2 小時醒麵，取出。

6 將麵團均分為 16 等分後，放在烤盤上，在麵團表面刷上牛奶、鮮奶油或是蛋液。

7 放入以 180°C 預熱的烤箱中，烤 15～18 分鐘。

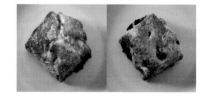

BASE 司康

紅豆奶油司康

原味司康出爐充分冷卻後，放入等量的冰涼奶油和紅豆餡做夾
餡，是一款持續受到顧客喜愛的必點點心。司康務必要先冷卻
再放入冰涼的奶油，如此奶油才不會溶化。

ASSEMBLE

Base Dough
低筋麵粉 360g，泡打粉 16g，
砂糖 40g，鹽 2g，奶油 140g，
雞蛋 1 顆，鮮奶油 150g

Point Ingredient
奶油和紅豆餡各 500g

Topping
牛奶或鮮奶油或蛋液少許

RECIPE

1　在低筋麵粉中加入過篩的泡打粉、砂糖和鹽後，混合均勻。

2　奶油切成骰子大小後，放入①中，以刮刀切細。

3　雞蛋與鮮奶油混合均勻後，分三次加入②中，以刮刀切拌。

4　麵團變成奶酥狀後，調整形狀成正方形，對半切開後重疊，重複前述動作兩次。

5　放在冰箱中冷藏 30 分～2 小時醒麵，取出。

6　將麵團均分為 16 等分後，放在烤盤上，在麵團表面刷上牛奶、鮮奶油或是蛋液。

7　放入以 180°C 預熱的烤箱中，烤 15～18 分鐘。

8　司康對半切開，放入切成 2cm 厚的奶油和紅豆餡即完成。

────────── TIP

注意奶油的溫度
奶油的溫度會對紅豆餡的風味產生很大的
影響。奶油放置在室溫下太久，會變得軟
爛滑膩，因此一定要冷藏保存，直到想要
食用時再取出來做夾餡。

綠茶抹醬

綠茶抹醬不是沖泡綠茶製作而成,而是使用抹茶製作,如此才能做出濃郁的綠色抹醬。烘焙用的抹茶會添加綠藻粉,顏色雖然鮮明,卻會削弱抹茶特有的微苦風味。如果擔心咖啡因,可以使用菠菜粉或羽衣甘藍粉取代抹茶製作成綠色的抹醬。綠茶抹醬是乳製品的加工品,務必要冷藏保存。

ASSEMBLE

Base
牛奶 500ml,鮮奶油 250ml,
砂糖 100g,煉乳 30ml

Point Ingredient
抹茶 15g

RECIPE

1 抹茶和砂糖混合均勻。

2 在鍋中放入牛奶和鮮奶油後,開始加熱。

3 將混合的抹茶砂糖分三次加入②中,並充分攪拌溶解。

4 沸騰後轉為中小火,繼續攪拌約 20 分鐘。

5 稠度變得像白米粥時,加入煉乳拌勻後裝瓶。

----TIP

持續攪拌,防止牛奶燒焦
製作添加牛奶的抹茶或果醬時,直到完成前都要持續攪拌,才不會燒焦。開始製作時,食材的分量要低於鍋子的 1/3 高度,才不會溢出來。

伯爵茶果醬

巧克力香蕉果醬

玫瑰草莓果醬

BASE 抹醬＆果醬

玫瑰草莓果醬

去香港旅行時，一定會購買的果醬之一就是玫瑰果醬，但是玫
瑰香氣比想像中濃郁，反而很少拿來使用，因此製作了在草莓
果醬中添加玫瑰的 signature 果醬。

ASSEMBLE

Base
砂糖 150g，檸檬汁 1/2 顆的分量

Point Ingredient
玫瑰花瓣 5g，草莓 500g

RECIPE

1 玫瑰花瓣切碎後，和砂糖混合均勻。

2 草莓去除蒂頭後放入鍋中，倒入①，浸漬半天。

3 將②直接加熱，開始沸騰後，以大火煮 5 分鐘，再轉為中火
並持續攪拌。

4 熬煮至沸騰的果醬舀起來時，落下的果醬大約為新台幣 10 元
硬幣大小。

5 淋上檸檬汁後關火，待冷卻後裝瓶。

伯爵茶果醬

為了煮出濃郁的紅茶味道與香氣,必須要使用紅茶粉。若沒有
紅茶粉,可先將 10g 阿薩姆紅茶放入牛奶和鮮奶油混合液中,
冷泡一天後過濾,再製作成伯爵茶果醬。

ASSEMBLE

Base
牛奶 500ml,鮮奶油 250ml,
砂糖 150g,煉乳 30ml

Point Ingredient
紅茶粉 3g,伯爵茶葉 10g

RECIPE

1 紅茶粉和砂糖混合均勻。

2 將顆粒細密的伯爵茶葉混入①中。

3 在鍋中放入牛奶和鮮奶油後,開始加熱。

4 開始沸騰後,放入②攪拌均勻,轉為中小火繼續攪拌約 20 分
鐘。

5 稠度變得像白米粥時,加入煉乳拌勻後裝瓶。

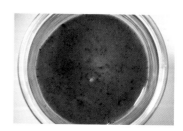

BASE 抹醬&果醬

巧克力香蕉果醬

香蕉雖然因為黏度高，容易製成果醬，但是因為味道單調，不
常製作成果醬食用。不妨試著加入巧克力，做出味道既柔和又
低糖度的健康美味果醬。

ASSEMBLE

Base
鮮奶油 100g，砂糖 80g

Point Ingredient
去皮香蕉 250g
黑巧克力 80g

RECIPE

1　將熟度適中的香蕉放入鍋中壓碎。

2　將鮮奶油和砂糖放入①中，混合均勻加熱。

3　開始沸騰後轉為小火，放入黑巧克力攪拌。

4　熬煮至沸騰的果醬舀起來時，落下的果醬大約為新台幣 50 元
　　硬幣大小即完成。

5　將鍋子從火源上取下，待冷卻後裝瓶。

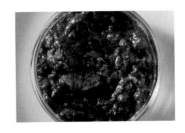

讓飲料變美味！
10 款祕密手作糖漿

決定飲料風味的核心食材就是糖漿。透過加熱凝聚風味，味道具有深度。
使用市售糖漿雖然便利，卻難以達到自製糖漿的風味和深度。
建議使用手作糖漿來提升飲料的風味。

紅茶糖漿   菊苣糖漿   焦糖糖漿   番茄糖漿   芒果糖漿

＊本書中使用的榛果糖漿／太妃核果糖漿／杏仁糖漿／薄荷糖漿／荔枝糖漿／哈密瓜糖漿為市售產品。

香草糖漿　　　　玫瑰糖漿　　　　巧克力糖漿　　　　檸檬糖漿　　　　生薑糖漿

紅茶糖漿

700ml / 冷藏保存 / *30 days*

活用 menu ≫ 義式咖啡奶茶／黑奶茶

01

HOMEMADE SYRUP

〔食材〕CTC 紅茶 50g，紅茶粉 20g，砂糖 300g，水 500ml

奶茶就是牛奶與茶的混合物，但要將牛奶和茶混合出完美風味並不是件容易的事。因此，做出連糖度都調整好的紅茶糖漿，調製飲料時就會變得較為輕鬆。若使用伯爵茶製作紅茶糖漿，就成了和咖啡也很搭的糖漿。

1　在鍋中倒入水，溶解砂糖後加熱。

2　沸騰後關火，放入 CTC 紅茶。

3　將鍋子移開火源，放入紅茶粉攪拌均勻。

4　等待③冷卻後，透過濾網過濾。

5　裝瓶後冷藏保存。

菊苣糖漿

700ml / 冷藏保存 / *30 days*
活用 menu ≫ 紐奧良冰咖啡

[食材] 乾燥菊苣根 50g，砂糖 300g，黑糖 100g，水 500ml

乾燥菊苣根焙炒後製作成糖漿，可以運用在咖啡飲料中。菊苣根會散發類似咖啡的甜味和苦味。砂糖與風味有深度的黑糖混合後，放入菊苣根製作成糖漿，即使不是加入咖啡，菊苣糖漿加入牛奶也很好喝。

1 在鍋中放入水和乾燥菊苣根後加熱。

2 開始沸騰後，放入砂糖和黑糖，以小火再煮 5 分鐘。

3 將鍋子移開火源，冷卻後透過濾網過濾。

4 裝瓶後冷藏保存。

焦糖糖漿

500ml / 冷藏保存 / *14 days*

活用 menu ≫ 迷你焦糖牛奶咖啡／焦糖爆米花奶昔／
花生牛奶焦糖刨冰

03
HOMEMADE SYRUP

〔食材〕砂糖 200g，鹽 2g，鮮奶油 300ml，水 30ml

焦糖糖漿可說是甜味的代名詞，
是款經常使用在咖啡中的糖漿。
咖啡的苦味遇上焦糖的甜味，立
刻有助於提振能量，因此常運用
在夏季許多冰飲中。製作焦糖糖
漿時，要動員所有感官注視顏色
和香氣，不要讓焦糖燒焦。

1　在鍋中放入砂糖和鹽。

2　在①中倒入水，以大火加熱。

3　熬煮到邊緣開始變成焦糖色。

4　鮮奶油連同包裝隔水加熱至微溫。

5　將加熱的鮮奶油分 2～3 次加入③中，以小火熬煮 3 分鐘。

6　熬煮至希望呈現的濃度，待完全冷卻後裝瓶。

番茄糖漿 *250ml* / 冷藏保存 / *30 days*
活用 menu ≫ 番茄優格牛奶刨冰

〔食材〕番茄 200g，砂糖 100g，檸檬汁 10ml

相較於生吃，番茄加熱後，營養成分會極大化，建議製作成糖漿活用在刨冰、優格、蔬果汁中。在番茄鮮紅又美味的盛夏大量製作後，冷凍保存也是一種方法。

1 番茄切成 8 等分備用（使用小番茄則切成 2 等分即可）。

2 將番茄裝在容器中，放入砂糖浸漬 12 小時。

3 等待 12 小時後，將②放入果汁機攪打。

4 在鍋子中倒入③煮滾。

5 將鍋子移開火源，倒入檸檬汁，冷卻後裝瓶。

芒果糖漿

500ml / 冷藏保存 / *30 days*
活用 menu ≫ 薄荷芒果刨冰

05
HOMEMADE SYRUP

〔食材〕冷凍芒果 300g，砂糖 200g，檸檬汁 20ml，芒果汁 200ml

雖然很類似芒果果泥，但是芒果糖漿透過提高糖度和加熱延長保存期限，並且強調甜味。加入草莓果汁或是奇異果汁很適合，搭配胡蘿蔔汁也是絕配，而且和牛奶的味道很相配，使用在以牛奶為基底的刨冰中會很美味。

1　冷凍芒果放入砂糖，浸漬 12 小時。

2　將糖漬芒果放入果汁機攪打。

3　在鍋子中倒入準備好的芒果汁和②後加熱。

4　煮滾後加入檸檬汁，將鍋子移開火源。

5　完全冷卻後，裝瓶並冷藏保存。

香草糖漿

800ml / 冷藏保存 / *30 days*

活用 menu ≫ 柳橙香草咖啡／香草拿鐵／香草奶泡冰滴

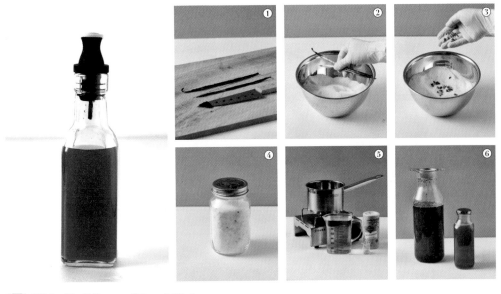

[食材] 香草莢 2 根，砂糖 500g，鹽 2g，水 600ml

香草糖漿雖然也能使用人工香料代替，但是唯獨手工製品的人氣居高不下，因為兩者的香氣和風味截然不同。將昂貴的香草莢放入大火中熬煮並不是正確的做法，以適當的加熱溫度，才能帶出香草莢的味道和香氣。

1 將香草莢對半剖開，挑出香草籽。

2 在攪拌盆中倒入砂糖後，放入①。

3 以砂糖搓拌香草莢，挑出香草莢，切成長度 5mm 的小段。

4 全數放入密封容器中靜置一星期。

5 在鍋中放入水和鹽，煮沸後，放入④煮滾。

6 待完全冷卻後挑出香草莢，裝瓶並冷藏保存。

玫瑰糖漿

700ml / 冷藏保存 / *30 days*
活用 menu ≫ 玫瑰拿鐵／麝香葡萄綠茶／柑橘繁花

07
HOMEMADE SYRUP

[食材] 玫瑰花瓣 20g，洛神花 5g，砂糖 300g，檸檬汁 50ml，檸檬切片 5 片，水 400ml

帶有花香的玫瑰、薰衣草、茉莉花等植物製作的糖漿，使用於飲料中時，香氣和味道皆會往上提升。使用乾燥的玫瑰花瓣製作糖漿，賦予單調的飲料華麗的節奏感。但須在不超過主食材的前提下適量使用，才能帶出獨特的風味和香氣。

1 在鍋子中放入水和砂糖後加熱。

2 沸騰後，放入玫瑰花瓣和洛神花，停止加熱。

3 檸檬切成薄片備用。

4 將②放入瓶中，再放入檸檬汁和檸檬片。

5 完全冷卻後，以濾網過濾。

6 裝瓶後冷藏保存。

巧克力糖漿

700ml / 冷藏保存 / *14 days*
活用 menu ≫ 鮮奶油巧克力咖啡／可可豆奶茶

08
HOMEMADE SYRUP

[食材] 巧克力 200g，可可粉 100g，砂糖 200g，牛奶 500ml

固體巧克力溶化後製作而成的糖漿，和牛奶很相配，搭配咖啡也是絕佳組合。以巧克力糖漿調整奶茶的甜度，也能夠做出更濃郁豐富的奶茶。

1　在鍋中放入牛奶，加熱至即將沸騰。

2　將火轉弱，分兩次放入巧克力，往同一方向攪拌至溶化。

3　將砂糖和可可粉混合均勻。

4　在②中放入可可粉砂糖，使其完全溶化。

5　將鍋子移開火源稍微冷卻後，以手持電動攪拌機攪拌 10 秒，讓脂肪層不分離（完全冷卻脂肪層會分離，因此冷卻後一定要在 10 秒內快速攪拌均勻）。

6　裝瓶後冷藏保存。

檸檬糖漿

700ml / 冷藏保存 / *30 days*

活用 menu ≫ 檸檬氣泡紅茶冰飲／薑汁汽水／極光冰飲／檸檬草莓刨冰

09
HOMEMADE SYRUP

〔食材〕檸檬 3 顆，砂糖 300g，水 500ml

檸檬屬於沒有明顯好惡的水果之一。加熱後會降低強烈的酸味，很適合當作飲料用的糖漿。相較於咖啡，加入茶或水果飲料更相配。連同果皮一起製作成糖漿是重點。

1　檸檬以小蘇打或鹽搓揉洗淨後切塊。

2　將①和水全部放入果汁機攪打。

3　在鍋子中放入②。

4　再放入砂糖加熱煮滾後，將鍋子移開火源。

5　冷卻後以濾網過濾。

6　裝瓶後冷藏保存。

生薑糖漿

700ml / 冷藏保存 / *30 days*
活用 menu ≫ 薑汁汽水

〔食材〕薑泥 200g，水 600ml，砂糖 300g

生薑是東西方都喜愛的根莖類蔬菜暨香辛料。又辣又甜的性質，做成糖漿後運用的地方也漸漸增加。直接加入牛奶或咖啡中，或是在製作焦糖或馬卡龍內餡時添加一些，都相當美味。

1　生薑去皮後，磨成泥備用。

2　生薑泥中放入砂糖，浸漬三天。

3　在鍋子中放入水煮沸後，放入②，再煮滾一次。

4　將鍋子移開火源，待完全冷卻後，以濾網過濾。

5　裝瓶後冷藏保存。

製作超簡單隱藏版 Sauce

手作糖漬水果 · 蔬果糊 · 果泥

糖漬水果是水果和砂糖混拌醃漬製作而成。
隨著水果的水分含量不同，保存期間也不盡相同，
糖含量相對較低的糖漬水果必須要冷藏保存，
砂糖全部溶化之後最好冷凍保存。

糖漬葡萄柚

300ml / 冷藏保存 / *14 days*

活用 menu ≫ 葡萄柚咖啡通寧／葡萄柚茉莉綠茶／茴香薄荷冰茶／紅寶石葡萄柚刨冰

如果因為獨特微苦滋味而覺得葡萄柚不好吃，建議做成糖漬葡萄柚。放在刨冰上作為配料也好，加入冰飲提升味道，豐富口感層次也很好。

〔食材〕葡萄柚 200g，砂糖 100g，檸檬汁 10ml

1 葡萄柚剝除果皮後，連內膜也一併去除。

2 在大碗中放入葡萄柚果肉、砂糖、檸檬汁後，攪拌均勻。

3 砂糖全部溶化後，裝入密封容器冷藏保存。

糖漬綜合莓果

300ml / 冷藏保存 / *14 days*

活用 menu ≫ 冬季香料熱果茶／綜合莓果汁

混入氣泡飲料或牛奶，或是當作刨冰配料等，和冰飲相當契合。調製以洛神花為基底的冰茶時，加入 1 匙就會產生獨特的色彩和風味。

〔食材〕冷凍綜合莓果 200g，砂糖 120g，檸檬汁 20ml

1 在大碗中放入冷凍綜合莓果、砂糖、檸檬汁後，混合均勻。

2 在莓果解凍的過程中，偶爾上下攪動，幫助砂糖溶化。

3 砂糖全部溶化後，裝入密封容器冷藏保存。

芒果果泥

250ml / 冷藏保存 / *7 days*
活用 menu ≫ 芒果牛奶

果泥的味道接近天然水果,常用於烘焙或飲料中。相較於含有塊狀果肉的芒果製品,完全打成泥的果泥更適合調製飲料。

【食材】 冷凍芒果塊 200g,砂糖 60g

1　在大碗中放入冷凍芒果塊和砂糖,讓砂糖自然溶化。

2　砂糖全部溶化後,使用搗碎器搗碎芒果(使用果汁機攪打也可以)。

3　裝入密封容器冷藏保存。如要使用一週以上,需改為冷凍保存。

栗子南瓜糊

300ml / 冷藏保存 / *14 days*
活用 menu ≫ 南瓜拿鐵

感覺到冷颼颼的寒氣時,就拿 1 大匙栗子南瓜糊調入熱牛奶中,熱熱喝下。香甜的栗子南瓜糊除了加在飲料中,活用在甜點中也很棒。

【食材】 栗子南瓜 200g,砂糖 100g,水 50ml

1　栗子南瓜蒸熟冷卻後,切成大塊。

2　在果汁機中放入①、砂糖和水後,打成細密糊狀。

3　將②放入鍋子中,加熱煮滾。

4　熄火,冷卻後裝入密封容器,冷藏保存。

糖漬蘋果

300ml / 冷藏保存 / *30 days*

糖漬蘋果直接泡成熱茶飲用，就是很棒的飲料。糖度不高的蘋果經過糖漬後，無論何時都能享受甜蜜滋味。青森蘋果以外的任何蘋果都可以用於製作糖漬蘋果。

〔食材〕蘋果 200g，砂糖 120g，肉桂粉、鹽各 1g

1 蘋果對半切開後，去籽切成 4 等分，再切成厚約 1～2mm 的薄片。

2 在大碗中放入砂糖、肉桂粉、鹽混合均勻後，放入①攪拌。

3 砂糖全部溶化後，裝入密封容器冷藏保存。

糖漬百香果

300ml / 冷藏保存 / *30 days*
活用 menu ≫ 百香椰果汁

酸甜又充滿香氣，放入冰茶或是水果飲料中，就成了具有分量感的飲料。酸度比其他水果高，砂糖用量要比其他食譜增加 20% 才夠甜。

〔食材〕冷凍百香果 200g，砂糖 150g

1 冷凍百香果解凍後，對半切開取出果肉。

2 在大碗中放入①和砂糖，混合均勻。

3 砂糖全部溶化後，裝入密封容器冷藏保存。

國家圖書館出版品預行編目(CIP)資料

咖啡館職人解密：從沖泡方式到咖啡、茶飲變化、手作糖
漿、點心烘焙，一應俱全！ / 申頌爾作；樊姍姍譯. -- 初
版. -- 新北市：大眾國際書局，西元2020.4
256面；17.4×21.5公分 . -- (瘋食尚；8)

ISBN 978-986-301-407-2（平裝）

427.42   109000929

瘋食尚 SFA008

咖啡館職人解密：

從沖泡方式到咖啡、茶飲變化、手作糖漿、點心烘焙，一應俱全！

作　　　　者	申頌爾
譯　　　　者	樊姍姍

總　編　輯	楊欣倫
協 力 編 輯	徐淑惠
特 約 主 編	林涵芸
封 面 設 計	張雅慧
排 版 公 司	博客斯彩藝有限公司
行 銷 統 籌	楊毓群
行 銷 企 劃	蔡雯嘉

出 版 發 行	大眾國際書局股份有限公司 海濱圖書
地　　　　址	22069 新北市板橋區三民路二段 37 號 16 樓之 1
電　　　　話	02-2961-5808（代表號）
傳　　　　真	02-2961-6488
信　　　　箱	service@popularworld.com
海濱圖書FB粉絲團	http://www.facebook.com/seasharetaiwan

總 經 銷	聯合發行股份有限公司
電　　　話	02-2917-8022
傳　　　真	02-2915-7212

法 律 顧 問	葉繼升律師
初 版 一 刷	西元 2020 年 4 月
定　　　價	新臺幣 480 元
I　S　B　N	978-986-301-407-2